U0337103

小高层 / 高层 / 超高层

现状突破与稀释 (中)

服务式公寓 - 满足新的生活需求

高层公寓的现状突破与稀释

—王煊·水石国际—

01 RIHAN HEIGHTS-1
02 RIHAN HEIGHTS-2

01

02

对于一个城市人来说，公寓这种建筑类型并不陌生，但不论百度搜索，还是词典、辞海，"公寓"一词所代表的物业范围还是很难界定清楚。作为一名建筑设计从业者，我还是希望从建筑学领域或城市规划学领域的其他类型建筑中差异化地理解"公寓"，我认为公寓就是介于住宅和酒店之间的一种以居住为主要功能的建筑类型，正是由于在两种功能之间的宽泛的存在空间，使得公寓的功能以及形态丰富多彩，仅在开发和设计领域非常具有难度和挑战。不论是国家以及地方的法律法规还是市场的理解反

映，公寓都是模糊的、边缘的、充满争议的建筑类型，甚至在很多项目中公寓产品的成败决定了项目的成败。总结一下来说，住宅和酒店是两种清晰的建筑类型，但公寓是一种范围，是前面两者之间的多种可能的集合。

如前所述，公寓在类型上虽然丰富多变，但始终介于住宅和酒店之间，所以公寓在发展和进化上明显地分为接近住宅的住宅公寓和接近酒店的酒店公寓两种大的倾向，而且，随着市场的成熟和需求的稳定，这两种倾向类型会更加地清晰

和定型，那就是住宅公寓最大化地接近住宅；酒店公寓最大化地接近酒店。如今酒店公寓占有市场份额越来越高，这既软化了政策的刚性又满足了市场的多样性需求。

首先，跟大家聊聊住宅公寓，这类公寓其实就是住宅。只是由于政策法规的界定没有办法称为住宅，比如，项目的土地性质是非居住类的；或者在居住用地上由于种种原因没有满足住宅规范的某些界定（日照、功能空间面积等），不论是平面功能还是配套设施，都是按照居住的体系和要求建设的，仅

以公寓的名义进入市场销售而已。这类公寓在未来会有较大比例的增量，主要原因有两条：一是由于国家对非居住用地的持续放量；二是城市土地使用强度越来越大。这些都与住宅供应的持续相对短缺的现状相矛盾，所以，公寓这种带有明显功能和性质弹性的产品必会受到追捧。

众所周知，目前，国内的地产开发对于住宅产品的依赖是非常明显的，开发商在非居住类土地上的资金运转很多都需要有公寓这样的"类住宅"产品出现，并消化容积率。

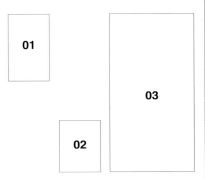

01

03

02

01 VEER TOWERS-1
02 VEER TOWERS-2
03 VEER TOWERS-3

在政策上也许还不可行，但在实际市场需求上和城市发展上已经有了支撑。因此，住宅公寓的出现至少是有效解决这类问题的途径之一，但不可否认这类公寓的产权仅为40-50年与住宅的70年相比有一定劣势，而且相应的生活成本与比住宅要高，所以这类公寓虽然是以住宅的目标去运营的。但一般面积较小，而且有些城市还不可以设置煤气厨房，这类缺憾都让这样的公寓还只能是公寓，是只能解决一部分人群对住的简单需求，一般是满足年轻人的首次置业或过渡性要求。住宅公寓在形态上也没有定式，或者公建化，或者住宅化，因市场和需求而变。这也是建筑师发挥设计才能的理想空间。

另一类公寓是接近酒店的服务式公寓，这类公寓更强调"服务"和"品质"其实就是让客户尽量有住酒店的体验和感受，这类型公寓需要为中长期商务住客提供一种完整、独立、或可具有自助式服务功能的住宿设施，服务式公寓的客群以中高端的商务人士为主，也包含一部分驻外技术支持服务的专业人士，或分子公司中的高管以及某些特殊职业群体如演艺、会展、培训等需要在外地驻留一段时间的人群。这类客群多集中于一二线城市和一些较发达的省会城市，而且有一定经济承受力，对区位、品质有要求；还有一类典型的服务公寓是度假类的物业，以中短期度假为主，大多周边有丰富的旅游或景观资源。

服务式公寓总的特点是接近酒店的形式，包括各种级别酒店，以及青年自助酒店等都是这类公寓模式的模仿对象，实际运作中大多服务式公寓就和酒店毗邻，甚至属酒店统一管理运营，服务式公寓由于客群比较高端，并且使用性质比较明确所以满足这类客群的对于个性和品质的需求是未来明显趋势。

住客一般来讲不会对服务公寓这样的空间作为真正的住宅居所来要求，住服务公寓的客人就是以工作或商务为主要内容，除了基本的住宿功能满足舒适、安静的要求外，需要提供方便周到的生活配套服务，这些服务的核心是高效。随着城市中产阶层的壮大，中高端服务公寓的形式也在多元化和精致化，有的强调与旁边高级酒店服务的同步、同质；有的强调私人管家、保姆；还有的可以多城市连锁，到哪里都可以保证标准化服务和预约租赁，应该说服务公寓更像是标准的公寓，也是城市发展的标志之一，是住宅和酒店业态的有效补充和延伸。

城市发展必然会带动阶级分工产生，公寓从诞生到现在，还在不断涌现阶级运营模式和千变万化的空间形态，这都是源于人们对生活质量的不断提高。

我们相信，多样的需求会推动公寓的发展变化，核心是公寓容纳了我们一段的时间，一段不断的时间。它能够雕琢出怎么的美好与温馨，装点我们在家和酒店以外的一段生活，不仅仅是建筑师的事，也是每一个热爱生活、享受时光的人的事。期待能够看到更多更富有创意，更精致的公寓，因为那也是一段生命中的"家"。

目前，以类住宅公寓产品进入市场销售，快速回笼资金的同时有效降低大量非居住类产品的来规避操盘风险。这样的做法虽然有打政策"擦边球"的嫌疑，但不可否认，这样的操作可以使更多的非居住项目在目前市场环境中成立，为城市配套的完善提供有效的支持。同时，也可以避免我们国家土地控制性规划中的很多机械操作带来的城市建设问题，例如，过于生硬的土地类型划分，经常是一大片的商业或工业用地，或一大片的住宅用地，实际情况是城市的发展和产业形态的变化要求城市和社区更多地融合和复合。在非居住用地上配套建设住宅

融入新的结构设计，满足新的生活需求，
开拓新的居住模式

WOUTER BOLSIUS & ONNO VAN WELZEN
CONTEXTURE ARCHITECTS

01

02

01 MIDI SUÈDE HOUSING-1
02 MIDI SUÈDE HOUSING-2

绿色建筑、生态建筑、可持续建筑以及节能省地型建筑等，虽侧重点有些区别，但所坚持的原则是一致的，都反映了人们对居住环境的新思考，强调建筑应以人为本、与自然相和谐，形成社会、经济、自然三者可持续发展的人类理想的居住地。

农村向城市的全球移民主流浪潮已风行了多年，并将一直持续下去。而大自然应该体现在高楼林立的雅致中的观点，也已公认。因此，城市化发展密集化下，创建一个可持续的未来生活模式刻不容缓。

高度密集化是可持续发展世界不可避免的，而作为实现工具之一，建立高楼大厦无疑是最简易高效的了。然而，以高度的责任感及可持续发展的方式，来达成这种密集方案也是极其重要的。一个可持续发展城市的崛起，并不只是有效地使用了建筑材料或考虑了能源消耗问

题，更是源自为人们创造了一个适合居住的迷人环境。这不仅要求考虑人员规模，还需在高楼、街道、周围环境、区域和城市间的各方面寻求和谐一致。

于是，高密度社区成为主流。为了跟上经济高速发展的脚步，现代建筑泰斗人物勒·柯布西耶的高层建筑和立体交叉的设想得以贯彻，并成为大多数国际大都市解决城建问题的良药。勒·柯布西耶主张全新的城市规划，认为在现代技术条件下，完全可以既保持人口的高密度，又形成安静卫生的城市环

境。从现代建筑采用框架结构这一条件出发，他提出了"新建筑的五个特色"：①房屋底层采用独立支柱；②屋顶花园；③自由的平面；④横向长窗；⑤自由的立面。社会生理和环境引起的弊端，促使建立高楼，从而达到高密度化，从某种意义上也是空间对经济效益的让步。地标性的摩天大楼能展现一个个人、一个团体，甚至一个城市的地位与威望。但是因此建设的高楼，从历史的角度来说，最多只是个"密闭空调箱"。从固有规章制度和以经济为首要目的的桎梏中解放出来的城市规划使其成为可能，但同时

也付出了代价——20世纪风格的建筑泛滥，内部环境被人为约束了。空中庭院、空中花园及天桥应运而生。这些越来越多的建筑装置，减轻了建筑间的拥挤，为住户提供了更多便利的生活环境及社会活动空间。

随着技术限制的日益减少和技术方法在全球范围内的推广，技术条件不再像以前那样引领着高楼大厦的设计方向。

新的技术促使公寓建筑从节地、节水、节材、节能、空气品质

一个可持续发展城市的崛起，并不只是有效地使用了建筑材料或考虑了能源消耗问题，更是源自为人们创造了一个适合居住的迷人环境。

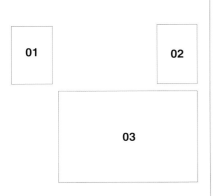

01 COSMOPOLITAN-1
02 COSMOPOLITAN-2
03 MIDI SUEDE HOUSING-3

和运营管理等方面进行系统集成，走向可持续化。绿色建筑、生态建筑、可持续建筑以及节能省地型建筑等，虽侧重点有些区别，但所坚持的原则是一致的，都反映了人们对居住环境的新思考，强调建筑应以人为本、与自然相和谐，形成社会、经济、自然三者可持续发展的人类理想的居住地。高性能混凝土、饰面混凝土、智能混凝土的研发与应用，包括耐火耐候钢、新型防水防渗材料的使用，大大提升了公寓建筑的环境友好性。利用太阳能、自然通风、人工湿地、生态补偿、环保材料等多项绿色建筑技术，更

使得建筑被赋予了生命力，同时人们的居住环境也得以真正的改善。

由于科技在全球的传播，以及全球财富的重新划分，在发展中国家日益发掘的市场里，城市发展和密集化会逐渐赶上西方国家，有些甚至已经居于领先地位。然而由于西方国家在前几个世纪的缓慢发展，发展中国家的市场正在以史无前例的规模和速度向上发展。

尤其在中国，这种规模与速度成为了一个巨大的挑战。当今，在十多年来极其集中的建造情况

下，数量似乎远重于质量。显而易见，中国挣扎在城市规模和人口规模的斗争中，急需获得两全其美的答案。在缺乏城市组织的情况下，大量新城在中国发展起来，这也需要在城市规划设计中投入大量精力。如今新城中兴起很多像独立岛屿般的项目，其中含有道路网，却缺少良好的环境质量。这些小岛里的模块通常功能单一，复制性强却缺乏特色，对人口规模及和谐一致缺少关注。这也直接导致居住环境更不适宜居住。

城市的发展需要全局的眼光，

房地产仍然是举足轻重的力量。作为一个城市的概念，住宅产业是城市底蕴和规模的基石，而城市的壮大与腾飞，离不开商业的扩张和投入。如何在城市规划与区域发展的思考中，平衡从住宅到商业的转型与布局，是中国需要思考的问题，也是世界需要思考的问题。

在本书中，您将发现许多来自世界各地的新颖混合居住设计，他们十分精妙地诠释了人口规模与良好的城市环境质量之间的关系，并希望借此启发很多中国的决策者及专家，以改善城市化发展的进程。

服务式公寓，往往使住户在享受高端服务的同时也能体会到家的感觉。它集住宅、酒店、会所等多种功能于一身，是一种综合性很强的物业管理概念。

从定义上说，服务式公寓，是指为中长期商住客人提供一个完整、独立、具有自助式服务功能的住宿设施，其公寓客房由一个或多个卧室组成，并带有独立的起居室、装备齐全的厨房和就餐区域。目前存在酒店式公寓、青年SOHO、白领公寓、创业公寓等几种业态。服务式公寓的本质是酒店性质的物业，配备了酒店设施，却融合了家庭特色，并提供低于酒店价格的中长期住宿服务。由于普通的酒店不会提供洗衣机、厨具等居家必备的电器，因此居家特色是服务式公寓与酒店的最大区别之一。

服务式公寓的总体规划，与基地选址以及公寓的定位密切相关。典型客户群包括因工作调动需在所在地解决临时过渡住所的公司高级职员；被指派到所在地参加学习、培训以及从事评估和统计的工作人员；中短期逗留及追求住家环境的休闲度假和商务客人、家庭旅游者、律师、工程技术人员等。由于服务对象多为工作繁忙的商务人士，服务式公寓选址应靠近城市中心或CBD商圈等城市核心区，以便为住户提供便利的办公环境。主体建筑以高层、超高层为主，以提高城市中心区的土地使用效率，同时也形成该区域的标志性建筑。

大多数服务式公寓充分利用了基地面积设置与公寓相配套的网点、裙房等商业设施，商业空间的布局兼顾公寓内部和外部的人使用，商业空间面向城市开放，从而提升其商业价值。另外，设计师们还常将门厅、连廊以及一些半室内半室外的空间安排成酒吧、茶座等供住户交流的场所、空间，营造出"天涯若比邻"的居住氛围，让邻居之间能够自由自在地、无拘无束地交谈。这样的细节在服务式公寓的营造历程中数不胜数。

由于土地面积有限，绿化布置多利用建筑与基地之间的空隙，紧凑布置，充分设置立体绿化和屋顶绿化，提高基地绿化面积。服务式公寓对停车位的需求量较大，常以地下停车为主，利用高层塔楼的地下部分作为停车场。

在建筑形象方面，位于城市中心区的服务式公寓应充分体现其统领该区域的核心地位，建筑形象应具有标志性，体现时代感和城市精神；位于旅游度假区的服务式公寓则应充分发挥自然景观的表现力，以创造优美的自然环境为主旨，建筑形象应与自然景观和谐统一。或是采用纯玻璃幕墙的高层公寓建筑模式，外型

设计上轮廓平整，少凹凸，光影间营造出一种高贵典雅，刻画出一种都市贵气；或是打破常规，结合不同的风格，赋予建筑独创性，立面富有个性化与想象力。通过设计把流动的数字建筑形式和经典而优雅的建筑材料结合起来，可以创造一个先进和堂皇的公寓大厦。此外，特色鲜明的建筑，会让整个区块重新焕发生机。

从结构上优化光线环境和加强视野分配，也是极其重要的。当建筑物进深较大时，仅靠侧窗的采光，并不能很好地满足内部的采光要求。这时候，便常用采光搁板，它从某种意义上提高了内部光线的均匀度。随着科技的发展，设计师在进行窗体设计的时候，有了更多的选

> ## 真正的服务式公寓应具备的条件是：拥有标识性的建筑立面与造型，良好的硬件设施；由统一的经营管理公司打理，只租不售；提供高质量的酒店式服务，家庭式的舒适。

择。例如，使用防紫外线胶片制作的光学变色玻璃，可以阻挡98%以上的紫外线。电子玻璃则可以自动改变照射到它表面的光的强度和透明度。

服务式公寓的房间根据用途不同，可分为居住性公寓和商务性公寓。居住性公寓多为精装修，室内空间功能划分较为齐备，一般设有单独的厨房、洗手间、阳台等，提供全套的家居设计和电器。在设计上一般以现代风格为主，将时尚气息、实用主义相统一，对于不同户型有不同格调的设计，满足使用者的个性化需求。功能划分更强调实用性和灵活性，如设置开敞式厨房、活动隔断等。商务性公寓的主要用途为商务办公，也可兼作居住。这种公寓没有单独的厨房和阳台，室内以大空间为主，以便用户灵活划分办公空间。公寓的室内装修以粗装修为主，用户入住后可直接使用，也可

对室内进行精装修。

服务式公寓的户型，从几十平方米到几百平方米不等，一般以40平方米到120平方米左右的中小户型为主。户型设计应充分体现其功能的多样性和灵活性，房型布局应紧凑灵活，充分利用室内空间布置功能，减少户内消极空间的数量，减少公共面积的分摊。居室套型设计可以灵活分隔，以适应不同层次和生活习惯的居住者。

服务式公寓，很重要的一点是利用好空间，减少空间的压抑感，创造满意的舒适度。一般说来可利用以下几种方法：

模糊某些功能空间，减少固定墙体。设计可将某些功能分区合并或连接，不做明确限定，如将起居室与餐厅合并，把厨房设计成开敞或半开敞的形式。减少固定构件墙体。用可活动的轻质、高强、隔音的材料构件分隔不同的功能区域，减少固定的墙体，使室内空间流动开敞而不闭塞，同时也使得户型可以根据功能的变化而改变空间形态、位置和尺寸，具有很强的适应性和实用价值。

空间塑造方法——错层。错层户型是指每套住宅房型的平面，其不同使用功能不在同一标高的平面上。一般是公共开放空间位于一个标高的平面上，如客厅、餐厅、厨房等；私密性较强的房间处于同一个平面，如卧室、书房等，两个部分之间通过台阶联系，形成多个不同标高平面的使用空间和变化的视觉效果，打破了呆板的平面生活，摆脱了复式住宅上下楼的沉重负担，减少了空间浪费，真正突出了自然私人空间，同时又有立体生活带来的丰富跳跃。在服务式公寓中使用错层的手法还有一层更巧妙的意义，既有效避免了一部分服务给私密空间生活带来的干扰，同时凸显出贵族气息。不同于一般的住宅，服务式公寓户型中的错层更多地布置在餐厅与起居室之间，也就是玄关与餐厅在同一个标高，起居室与卧室等其它功能空间位于另一标高平面上，形成了"玄关（门厅）——餐厅（多功能厅）——起居室——卧室"的连续空间序列。在这一链条上，私密度是递增变化的。设置多功能厅作为过渡空间也是服务式公寓成功户型的一大特色。多功能空间可作茶室、餐厅、展示廊之用。

改变构件形式。飘窗台，由于窗未落地不计建筑面积，成为了设计师们钟爱的空间处理方法。室内空间因此有所扩大，窗台可以小坐，可以摆放陈设，也可以通过家具调整成为梳妆台或写字台，具有很大使用价值。有一些飘窗，还设计成为转角的形式，扩大了景观视线，改

01 VEER TOWERS-1
02 VEER TOWERS-2

善了日照与通风条件。此外，结构形式也常从传统的方梁方柱改变成为异型柱体系，室内空间干净完整，没有凸角或起伏，使得家具陈设更为有利，提高了布置家具的方便性。

利用空间角落。对某些设备角落或空间富余处加以利用，成为储存与收纳的空间。如洗手台盆下设置储物柜，走廊设置吊柜，管井与墙体之间增加储物搁板等，都是一些化消极空间为积极空间的方法。

装修手法。常采用简洁明快的装修手法，利用清淡的材质与镜面玻璃等有利视觉延伸的材料，有效扩大了空间感。

建筑有两层皮，里面的一层是功能，外面的一层是形式。

——波普主义

建筑的实质是空间，空间的本质是为人服务。

——约翰·波特曼

满足新的生活需求

高端会所．水疗中心．泳池平台
健身娱乐．屋顶花园．庭院景观

高端会所

其设置提高了生活品质，凸显了业主身份，功能模块布置包括康体项目、休闲项目、娱乐项目、商业服务项目四大类。

1. 比克曼大厦 -18
从系统配套到以人为本

2. 懿荟 -172
时时感受现代、尊贵的气息

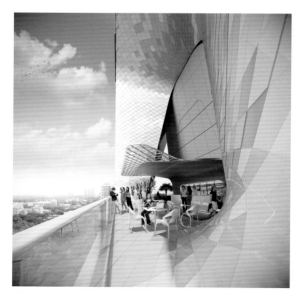

3. THE SCOTTS TOWER -124
灵活的空间设计体现了全新的生活观念

4. 舞龙双子塔 -42
营造与阳光亲密接触的休闲空间

5. 萃峰 -164
全方位护理塑造和谐身心

水疗中心

常把"水"的元素视为整体视线和景观美化特征；在设计上需要解决的主要问题是如何在保护使用者隐私的同时，允许充份的天然空气循环保持区域的舒适温度。

6. VEER 公寓大厦 -30
高空美景尽收眼底

泳池平台

与外立面和周围环境相呼应的泳池设计，不仅赋予了建筑流动感和动态美，还可以增加公共空间的趣味性。泳池的设置一般分为露天泳池和室内恒温泳池。

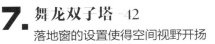

7. 舞龙双子塔 -42
落地窗的设置使得空间视野开扬

8. 北京来福士广场雅诗阁公寓 -138
现代主义的全新演绎

9.
COSMOPOLITAN -182
室外泳池集景观和实用于一体

10. 奥斯丁市 W 酒店公寓 -272
无边界泳池遇上可逆性恒温泳池设备

满足新的生活需求

高端会所．水疗中心．泳池平台
健身娱乐．屋顶花园．庭院景观

健身娱乐

时尚而具运动感的装潢，为空间注入了活力。在设计上，还需要考虑使用者的行走路线、各功能区的特点等要素。

1. 河谷 VERV - 150
半开放的健身区域更加亲近自然

2. VEER 公寓大厦 - 30
高端健身离不开齐全的器械设备

3. 懿荟 - 172
室内外空间需相互渗透、氛围一致

4. 伦敦桥中心 - 102
设置于 68-72 层的公共观景平台拥有自己独立的地面入口

屋顶花园

降温隔热效果优良，并能美化环境、净化空气、改善局部小气候，还能丰富城市的俯仰景观，补偿建筑物占用的绿化地面，大大提高了城市的绿化覆盖率。

5.

THE SCOTTS TOWER - 124
天空梯田上的复式屋顶花园

庭院景观

所谓"家园","家"离不开"园","园"服务于"家"。庭院是住户从自然环境进入"家"这个人文环境的一个过渡，又是整体公寓建筑的门面和灵魂。

6. VEER 公寓大厦 -30
体现设计者的设计姿态和文化方向

7. 三亚凤凰岛 -64
充分地体现了凤凰岛自然景观的美学特征

8. RIHAN HEIGHTS -90
进一步展现建筑的文化品质和定位

9. 河谷 VERV -150
融入标示性的元素

10. COSMOPOLITAN -182
以水体为题材的景观主体

11. 大潭山壹号 -192
实现文化与功用的高度统一

12. 格鲁尼沃尔德公寓综合体 -234
景观文化的表现包括色彩和装饰材料的选择

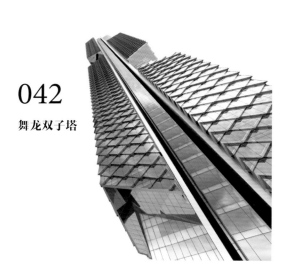

042
舞龙双子塔

102
伦敦桥中心

018
比克曼大厦

056
假山公寓

114
旧金山无限空间豪华公寓

202
格罗夫大纳酒店公寓

030
VEER 公寓大厦

164
萃峰

272
奥斯丁市 W 酒店公寓

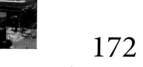

172
懿荟

090
RIHAN
HEIGHTS

192
大潭山壹号

124 THE SCOTTS TOWER

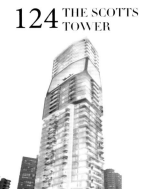

076 ACTOR GALAXY MULTIFUNCTIONAL APARTMENT COMPLEX

264 AMSTERDAM SYMPHONY

064 三亚凤凰岛

132 宁波来福士广场汇豪国际行政公寓

138 北京来福士广场雅诗阁公寓

182 COSMOPOLITAN

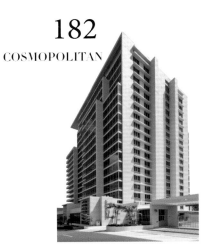

082 IJDOCK

150 河谷 VERV

254 VAN EESTERENPLEIN

214 CASA CONFETTI, UITHOUF UTRECHT NL COLOURFUL HONEYCOMB

234 格鲁尼沃尔德公寓综合体

244 波士顿大学学生公寓

224 MIDI SUEDE

CONTENT
现状突破与稀释

018   比克曼大厦：西半球最高的住宅大楼

030   VEER 公寓大厦：倾斜的彩釉立面

042   舞龙双子塔：能呼吸的建筑表皮

056   假山公寓：过渡型建筑

064   三亚凤凰岛：超曲面建筑群

076   ACTOR GALAXY MULTIFUNCTIONAL
       APARTMENT COMPLEX：雪白的泪珠

082   IJDOCK：围垦式模型

090   RIHAN HEIGHTS：城市绿洲

102   伦敦桥中心：垂直城市

114   旧金山无限空间豪华公寓：四叶苜蓿

124   THE SCOTTS TOWER：天空邻里

132   宁波来福士广场汇豪国际行政公寓：交叠的缎带

138   北京来福士广场雅诗阁公寓：水晶之莲

150   河谷 VERV：空中豪宅

CONTENT
现状突破与稀释

164 萃峰：全景豪宅

172 懿荟：新一代豪华公寓

182 COSMOPOLITAN：水滨豪宅

192 大潭山壹号：独享优越地利

202 格罗大纳酒店公寓：断级双子塔

214 CASA CONFETTI, UITHOUF UTRECHT NL COLOURFUL HONEYCOMB：多彩的蜂巢

224 MIDI·SUEDE：回应不同的建筑尺度

234 格鲁尼沃尔德公寓综合体：差异组合

244 波士顿大学学生公寓：巧妙的裂缝

254 VAN EESTERENPLEIN：黑白相间

264 AMSTERDAM SYMPHONY：多种砖材的组合

272 奥斯丁市 W 酒店公寓：悬崖式酒店公寓

公寓设计：Gehry Partners, LLP
竣工时间：2011 年

项目地址：美国纽约
场地规模：4 088 平方米

楼层数：76
开发商：森林城市拉特纳公司

比克曼大厦：西半球最高的住宅大楼

这个由举世闻名的建筑大师弗兰克·盖里设计的第一栋纽约高层住宅，重新界定了曼哈顿的天际线。76 层的超高层公寓为它的 899 户住户，提供了与众不同的生活空间、卓越的服务设施和 360°无死角的全景视野。

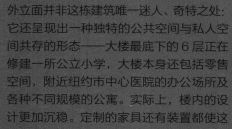

设计突破

比克曼大厦的外观给人一种超凡脱俗、特立独行之感，设计风格类似于美国鬼才建筑大师弗兰克·盖里的一些标志性作品。比克曼大厦不锈钢外立面呈现出宜人的波状结构，这一切要归功于其错落有致的单元结构形成的外观。外部曲线直抵不规则地面，尽管从远处看外观几无差别，但大厦每一层都有其独特之处，绝无雷同。

商业突破

外立面并非这栋建筑唯一迷人、奇特之处：它还呈现出一种独特的公共空间与私人空间共存的形态——大楼最底下的 6 层正在修建一所公立小学，大楼本身还包括零售空间，附近纽约市中心医院的办公场所及各种不同规模的公寓。实际上，楼内的设计更加沉稳。定制的家具还有装置都使这个公寓楼与众不同，品位不凡。

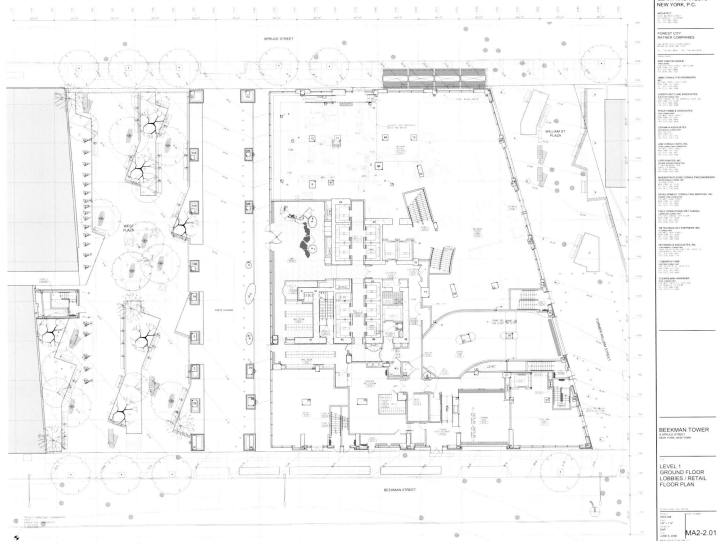

GEHRY ARCHITECTS
NEW YORK, P.C.

FOREST CITY
RATNER COMPANIES

BEEKMAN TOWER
8 SPRUCE STREET
NEW YORK, NEW YORK

LEVEL 1
GROUND FLOOR
LOBBIES / RETAIL
FLOOR PLAN

MA2-2.01

21

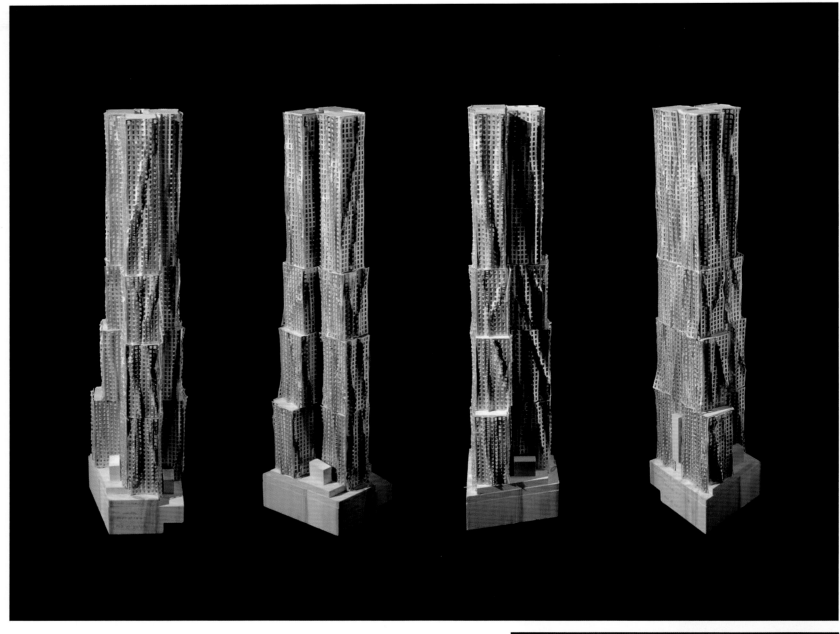

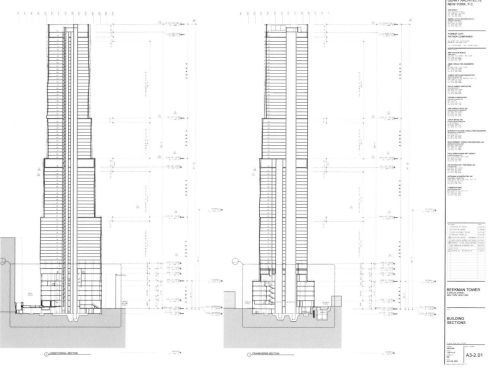

建筑

弗兰克·盖里首先将建筑设定成纽约城大厦的经典比例，并以传统的退后式结构为主设计方针，铸就了典型的婚宴蛋糕式的高层设计。然后，他应开发商的要求进一步设计了飘窗，应用于每个公寓单位。但是他并没有将这些飘窗纵向排成一列，而是在楼层之间将它们稍稍移动，一个个调整大小。为此，弗兰克·盖里做了许多深入研究，发现建筑可以因此达到披着织物的感觉，于是他专门着重这个效果。最终，塔楼的七个面都产生了这样的结构效果，同时南面被修平。这个较平的面是不可缺失的。因为产生对比的同时，它突出了整个建筑的雕塑感。于是，大厦被裹上了时而平缓时而波涌的不锈钢外衣。另外，建筑的基座保留了简单的五层楼砖制平台，这样的设计是为了延续周围的建筑特色。

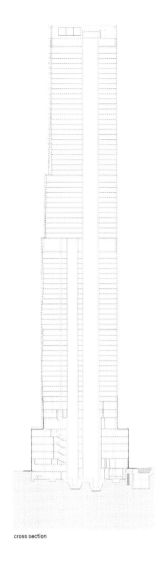

cross section

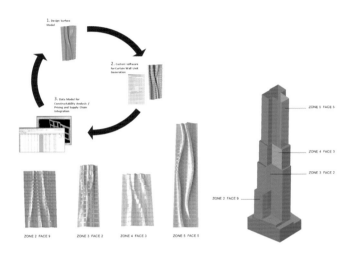

设施

这座 76 层的混合式项目包括一所设有学前到八年级的公立小学、纽约市中心医院的办公楼层以及超过 900 户的公寓单位。另外，大厦的楼顶平台还设有一个全封闭的游泳池和其他的服务设施。

景观

该项目地块位于云山街北，比克门街南。地块的东侧和建筑的东侧都设有小区广场。其中西部广场为车辆通道提供景观的同时，也指引着车流和行人进入住宅大堂。

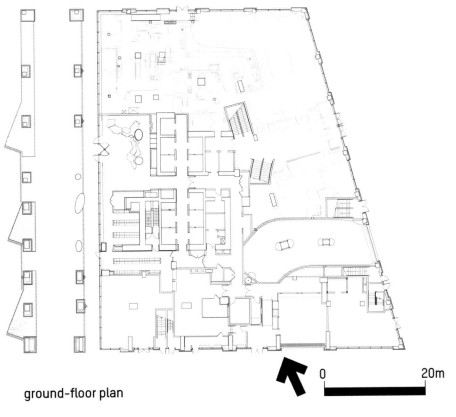

ground-floor plan

0   20m

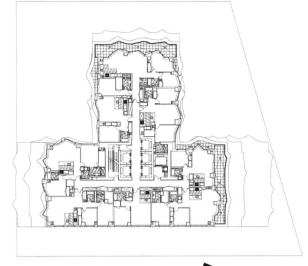

typical floor plan levels 51–75

0   20m

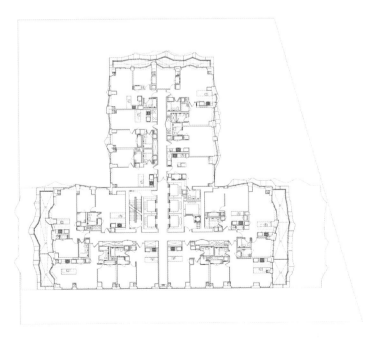

typical floor plan levels 39–50

室内

波浪状的立面为七个面的住宅单位拥有各自不同的配置，提供了可能。设计团队将内装与各自特殊条件的优势结合，例如将全景窗台与座位结合，即借助不同楼层的墙面形式创造独特的家居。整个大楼拥有不同尺寸的公寓单位——从450平方英尺的工作室，到1 700平方英尺的三室楼顶公寓。合理的布局，使得空间利用率达到了最大化。华丽的装修和充足的采光，也是室内的亮点。

公寓设计：JAHN
竣工时间：2010 年

项目地址：美国拉斯维加斯
场地规模：78 209 平方米

楼层数：37
开发商：MGM Mirage Design Group

Veer 公寓大厦 : 倾斜的彩釉立面

项目所在区域是拉斯维加斯大道 (Las Vegas Strip) 上价值 90 亿美元、占地 67 英亩的城市度假胜地。该设计旨在将建筑融入城市，成为不可缺失的一部分，同时赋予建筑和空间独特且富有标示感的特性。设计的实现，对于现代化城市理念和新时代社会互动，至关重要。建筑打破了公共领域和私人空间之间的界限。

设计突破

Veer 双塔酒店以其外观设计而著名，在国际建筑和艺术领域都具有里程碑意义。建筑由两栋 142 米高的斜塔组成。两个 37 层的玻璃塔楼对向倾斜 5 度角，让 Veer 双塔成为一件叹为观止的艺术品。立面使用了大量高效能低辐射的釉质材料，最大化了白天的自然采光和户外视野。双塔内各有 335 套以现代 LOFT 风格为主题的住宅公寓。

商业突破

该公寓建筑是美高梅国际酒店集团在拉斯维加斯修建的大型城市综合体项目的一部分。多元化、多样性、艺术性和历久不衰的卓越设计，重新描绘出拉斯维加斯的都市轮廓。城市中心不再仅仅是高楼大厦，而是矗立在拉斯维加斯正中央的艺术品，也是全世界至高无上的度假休闲圣地。

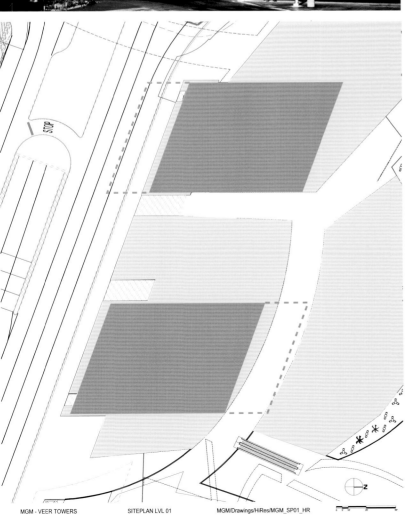

MGM - VEER TOWERS   SITEPLAN LVL 01   MGM/Drawings/HiRes/MGM_SP01_HR

景观

著名设计师 Francisco Gonzalez-Pulido 为该项目设计了公共区域的景观设施，使得城市的夜景和白天的风光一样迷人。

建筑

该项目称得上是拉斯维加斯第一个真正透明的建筑。无论是工艺上，甚至是文化上，这都是一大挑战。立面使用了大量高效能低辐射的釉质材料，最大化了白天的自然采光和户外视野。得益于户外遮光屏、占一半表面积的 57% 彩釉的建筑表皮，建筑可以有效地控制和减少日照负荷。

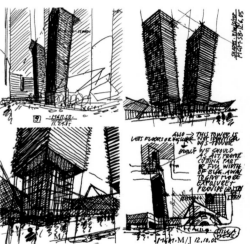

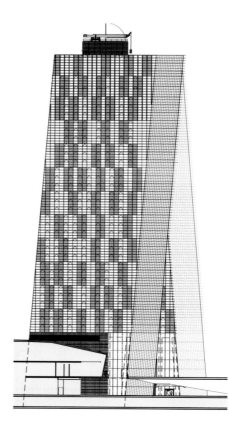

室内

大厦中的公寓设计无不彰显现代感。其中包括了设计师专门设计的厨房设备、光滑的不锈钢家电和欧式的内装。住户可以选择三种不同的内装，享用豪华的天然石、大理石和铬合金制成的沐浴设备。材料的精挑细选、流线感的设计，加上城市的迷人风光，缔造出尊贵的豪宅气质。

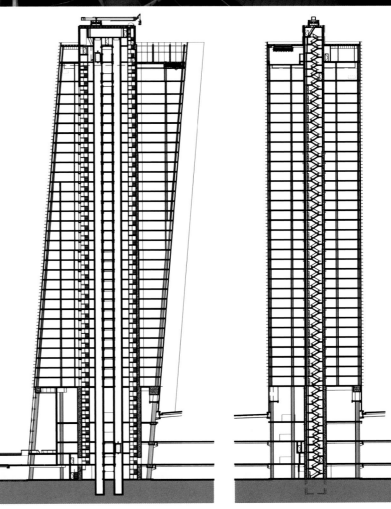

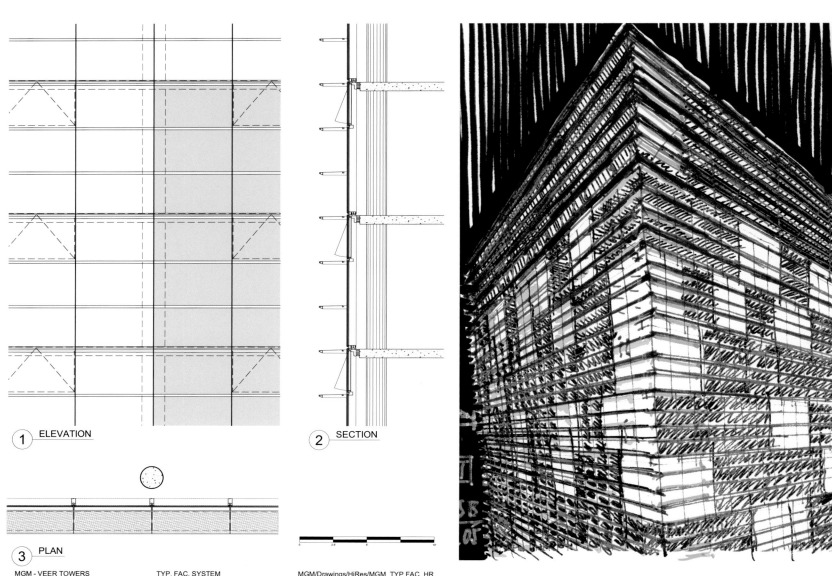

① ELEVATION   ② SECTION

③ PLAN

MGM - VEER TOWERS   TYP. FAC. SYSTEM   MGM/Drawings/HiRes/MGM_TYP FAC_HR

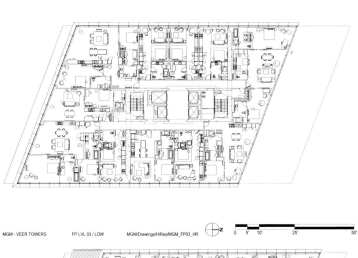

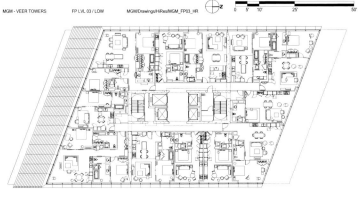

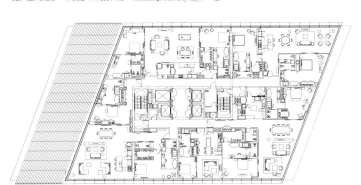

设施

该项目采用了大量的节能技术与设备。其中，雨水过滤系统，控制了排水量，使用雨水灌溉植被，回收再利用所有的生活用水，从而有效的节约了建筑内的用水，并减少了对自然资源的影响。因此，该建筑获得了 LEED 银色认证。

公寓设计：Adrian Smith + Gordon Gill Architecture
竣工时间：在建

项目地址：韩国首尔
场地规模：23 000 平方米

楼层数：88
开发商：韩国龙山国际商务区

舞龙双子塔：能呼吸的建筑表皮

芝加哥建筑事务所 Adrian Smith + Gordon Gill Architecture 的建筑师 Adrian Smith 和 Gordon Gill 为韩国龙山国际商务区设计了又一个双子塔项目，"Dancing Dragons"。这两座摩天大厦将把住宅、办公与商业融为一体，从传统文化中提取的灵感赋予建筑独特的外形，让双子塔从广阔的城市布局中分离出去。

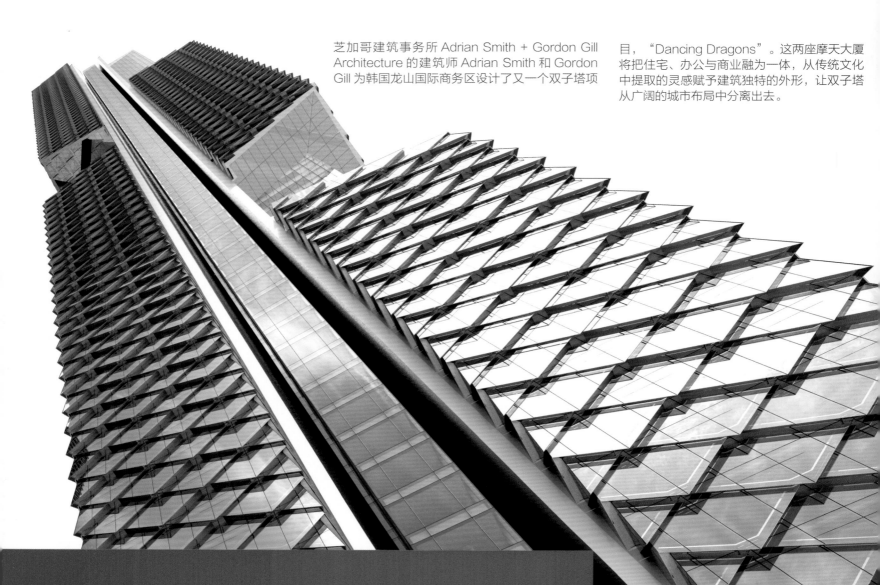

设计突破

该项目的设计灵感来自韩国传统文化中关于龙的神话。双子塔高度并不一致，楼体表面被设计成龙鳞一样的结构。有了龙身的外观，怎样做到舞动的效果呢？"我们在塔身设计了一些切面部分，两座塔之间的切面部分之间是互动的，相互辉映着盘旋而上，这样就营造出了舞动的效果。"设计师 Adrian Smith 说。

商业突破

该项目位于首尔龙山国际商务区，属于龙山地区规划蓝图的重要组成部分，具有良好的交通条件和消费环境。住宅、办公、零售、酒店，各种综合功能配套将在不久的未来完全呈现，其强大的聚合能力会得到进一步的体现，有望与周围的商圈产生联动效应，创造整个龙山区域的商务和消费中心格局。

景观

该项目是与 Martha Schwartz 共同设计的，其景观特色体现在其呼应
几何学的倾斜护道上。该项目还拥有外形极具雕塑感的零售平台及作为
大型地下零售综合体入口的下沉花园。

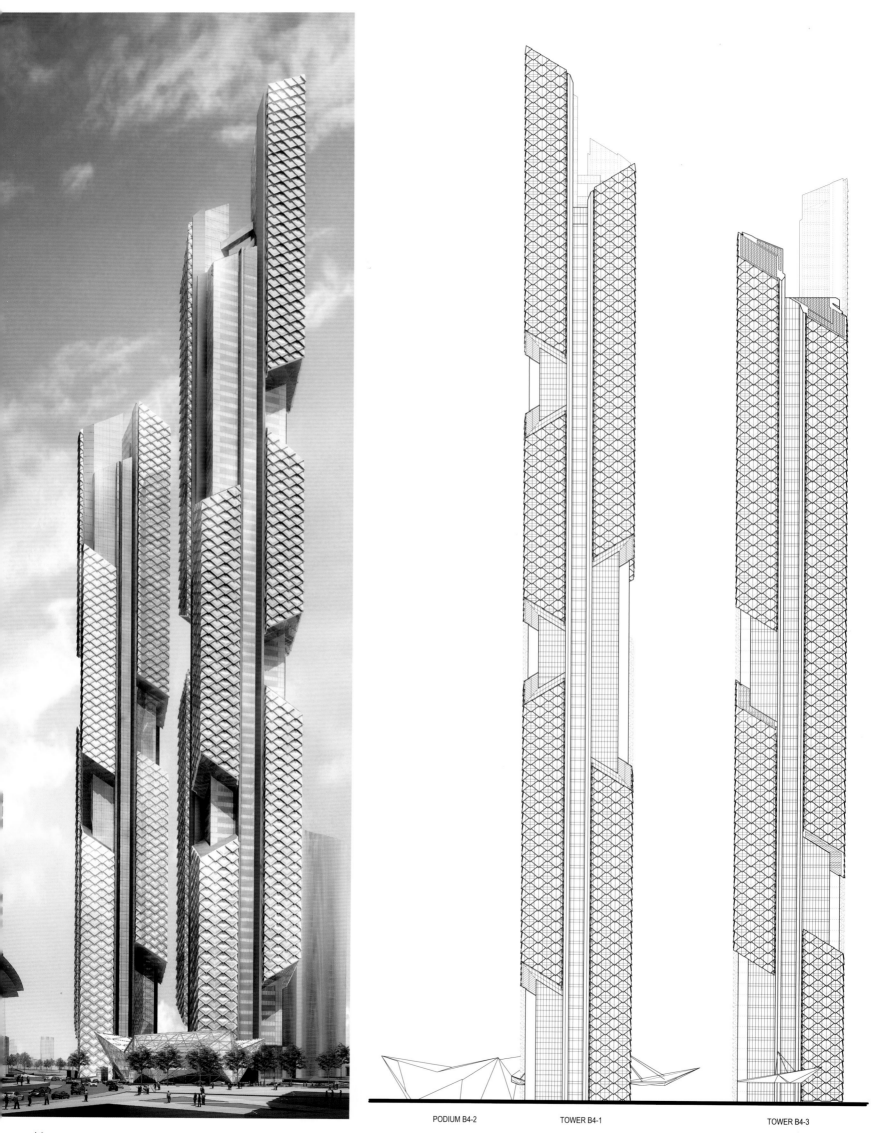

PODIUM B4-2   TOWER B4-1   TOWER B4-3

建筑

在两座塔楼之间，每隔 390 到 450 米就会有一个从垂直核心筒上悬吊的体量，这些小塔楼堆叠在立面上，好像漂浮在建筑外边缘上一样。而每个凸出的小塔楼底部和顶部都设有夸张的对角切割线，让人联想到韩国传统宝塔的屋檐。建筑立面覆盖了一层重叠的玻璃窗，它们组合成鱼鳞一般的图案，让人联想到神话传说中的龙。建筑外立面的设计灵感来自于 Yongsan 这个地名，翻译过来就是"龙山"的意思。玻璃幕墙板内设置了 600mm 通风口，创造了一个能呼吸的外表皮。

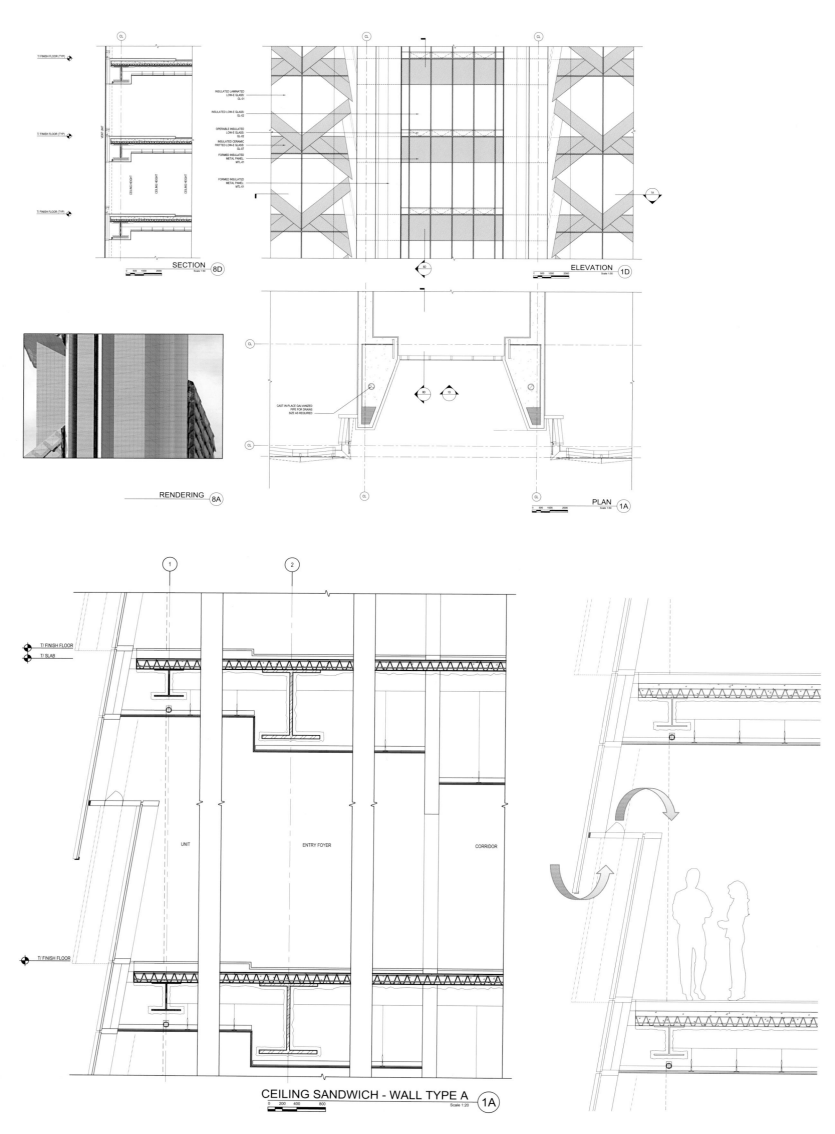

SECTION 8D

ELEVATION 1D

RENDERING 8A

PLAN 1A

CEILING SANDWICH - WALL TYPE A 1A

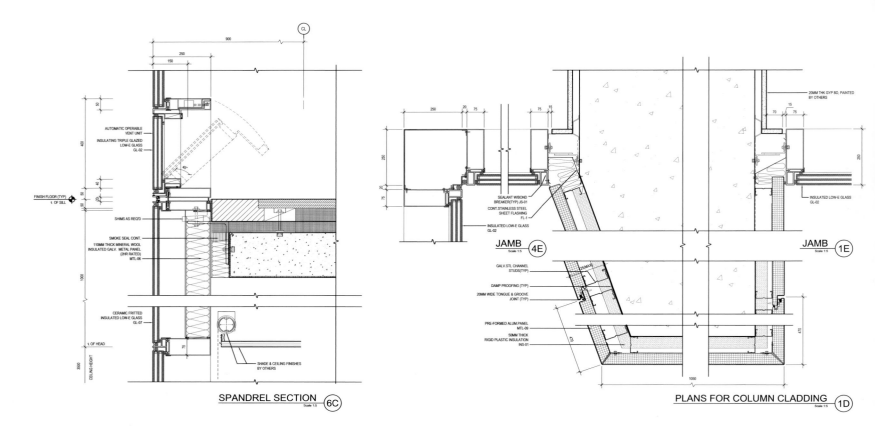

SPANDREL SECTION 6C
Scale 1:5

JAMB 4E
Scale 1:5

JAMB 1E
Scale 1:5

PLANS FOR COLUMN CLADDING 1D
Scale 1:5

室内

在这两座建筑物中，顶部和底部的小塔切口都覆盖着玻璃，从而使最顶层结构上的天窗格外显眼，使最底层结构下形成一个透明地板。同时这也为观众在复式顶层以 360 度视角欣赏首尔市中心和邻近汉江的景观创造了条件，另外这种结构还能让充足的自然光照进来。

设施

该设计的环保特色体现在大楼的三层玻璃窗户，以减少热量的散失；重叠的外墙系统，产生自我遮阴效果；可人工控制的竖框结构，使建筑可以自然通风。其它一些体现环保的系统包括：辐射供暖系统、地下室的燃料电池废热发电装置、楼顶的光伏列阵、日光感应照明控制，以及电动离心式冷水机组完成热回收。

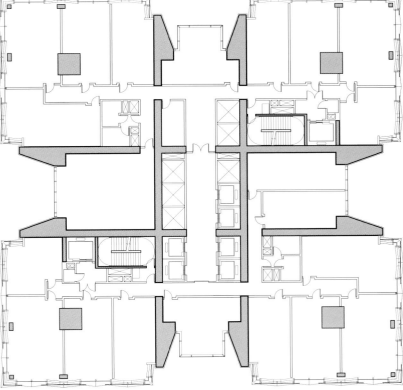

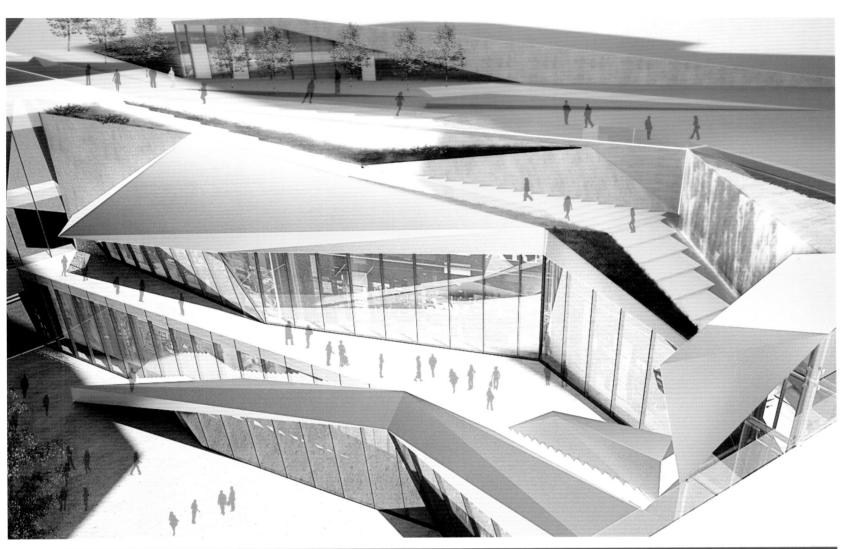

公寓设计: JAE
竣工时间: 在建

项目地址: 中国北海
场地规模: 109 203 平方米

楼层数: 56
开发商: 北海馨平广洋房地产开发有限公司

假山公寓:过渡型建筑

本项目坐落于沿海城市北海,位于一条狭长的海滨区域。设计师在设计过程中也参考了中国传统的建筑设计特点,将自然融入到了建筑之中。此设计本身既保证了建筑的密度,又形成了这座城市的新地标。

设计突破

设计概念结合了两种常规定义的元素;高层长形的塔楼,和低层板楼,在长形结构基础上创造出大胆的新型结构;这种结构可以最大程度的实现建筑内的远景观。在塔楼中间切出像山一样的造型,形成了自然的山体景观,并在建筑的结构上面开洞,空间、海滨景观以及采光都能通过这些开洞渗透进城市中。

商业突破

项目以住宅、办公、酒店为一体,为发展中的中国沿海城市北海创造了一个高容积率而又绿色生态的区域综合体。摒弃了陈旧的人工造景,设计团队索性让建筑自身成为一个仿造山势的景观,通过结构去解决一切可以解决的问题。这样奇妙而大胆的外形,使得该建筑成为人们瞩目的焦点,用未来的建筑引领未来。

公寓设计: JAE
竣工时间: 在建

项目地址: 中国北海
场地规模: 109 203 平方米

楼层数: 56
开发商: 北海馨平广洋房地产开发有限公司

景观

与建造一座刻意的人工花园相比，建筑本身就是一座人造的"自然景观"——一座供人们居住的假山。

设施

建筑顶层形成连续的屋顶平台，成为居民们的公共活动空间——屋顶花园中布置了网球场、游泳池等各种类型的运动设施。

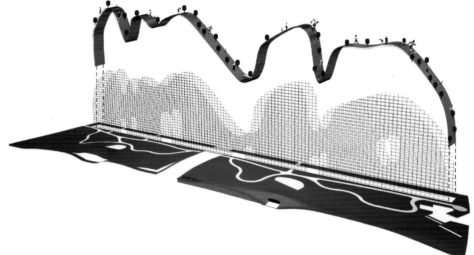

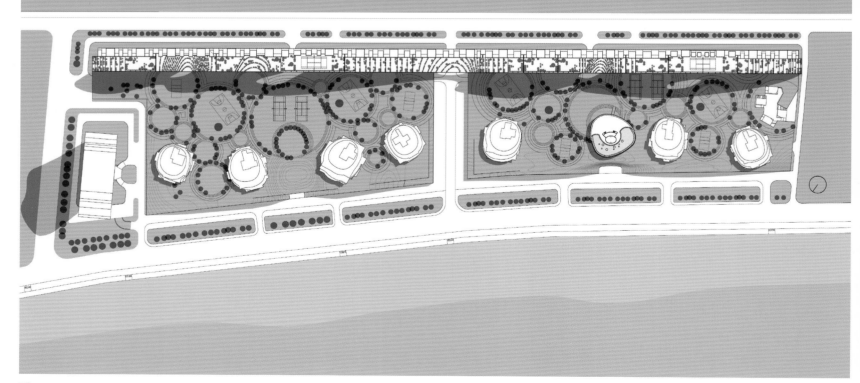

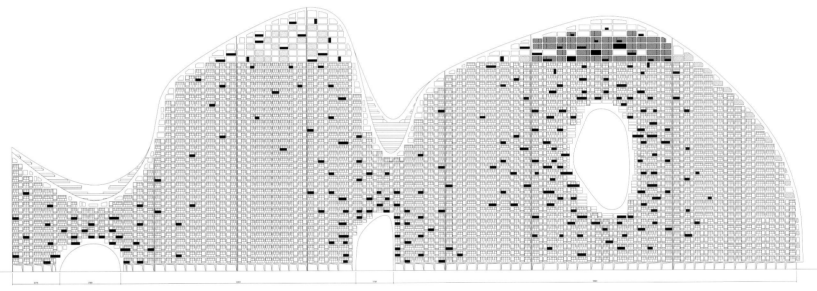

A板楼北立面图

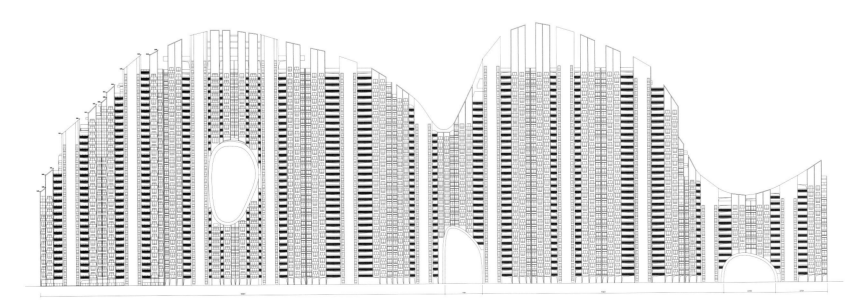

A板楼南立面图

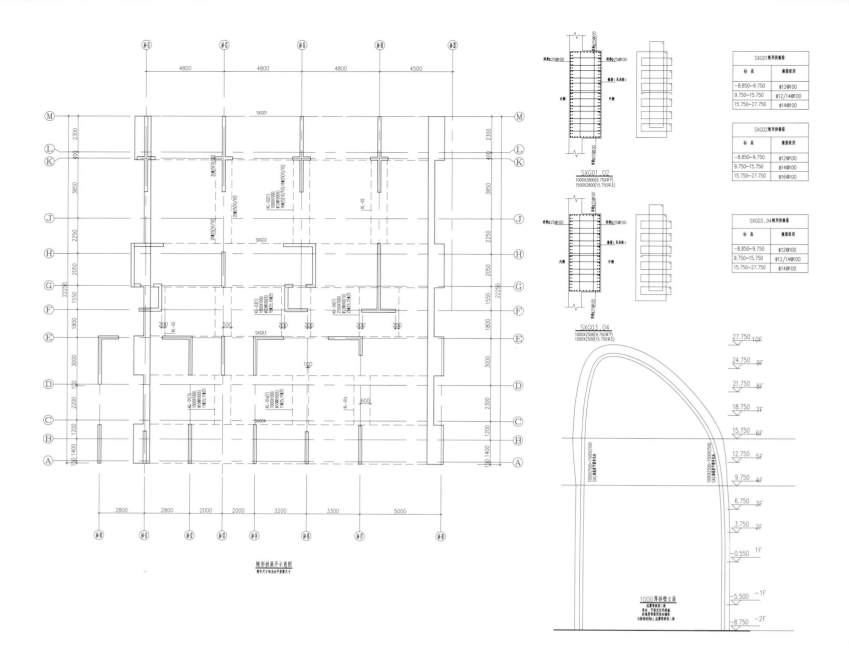

SXG01隨形搔篩		
标 高	備筋说明	
-8.850~9.750	φ12@100	
9.750~15.750	φ12/14@100	
15.750~27.750	φ14@100	

SXG02隨形搔篩		
标 高	備筋说明	
-8.850~9.750	φ12@100	
9.750~15.750	φ14@100	
15.750~27.750	φ16@100	

SXG03,04隨形搔篩		
标 高	備筋说明	
-8.850~9.750	φ12@100	
9.750~15.750	φ12/14@100	
15.750~27.750	φ14@100	

建筑

这是一个采用常规板塔结构的山形建筑。起伏的轮廓与海岸线以及水面交相呼应。设计概念结合了两种常规定义的元素：高层／长形的塔楼，和低层板楼，在长形结构基础上创造出大胆的新型结构；这种结构可以最大程度的实现建筑内的远景观，但是它也一定程度的阻挡了海滨与内陆之间的视线。设计团队通过两种手法解决此问题：在塔楼中间切出像山一样的造型，形成了自然的山体景观，并在建筑的结构上面开洞，空间、海滨景观以及采光都能通过这些开洞渗透进城市中。

室内

建筑的独特造型赋予了室内通透的采光和良好的通风。

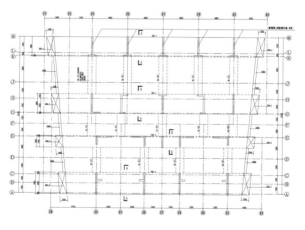

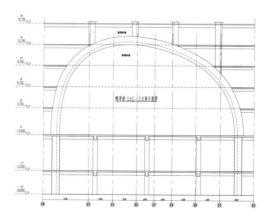

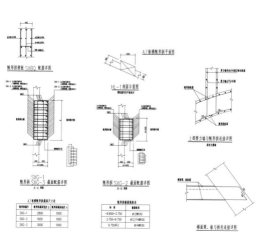

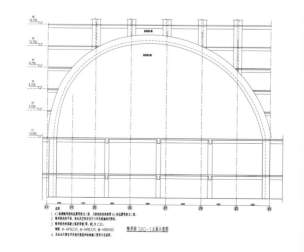

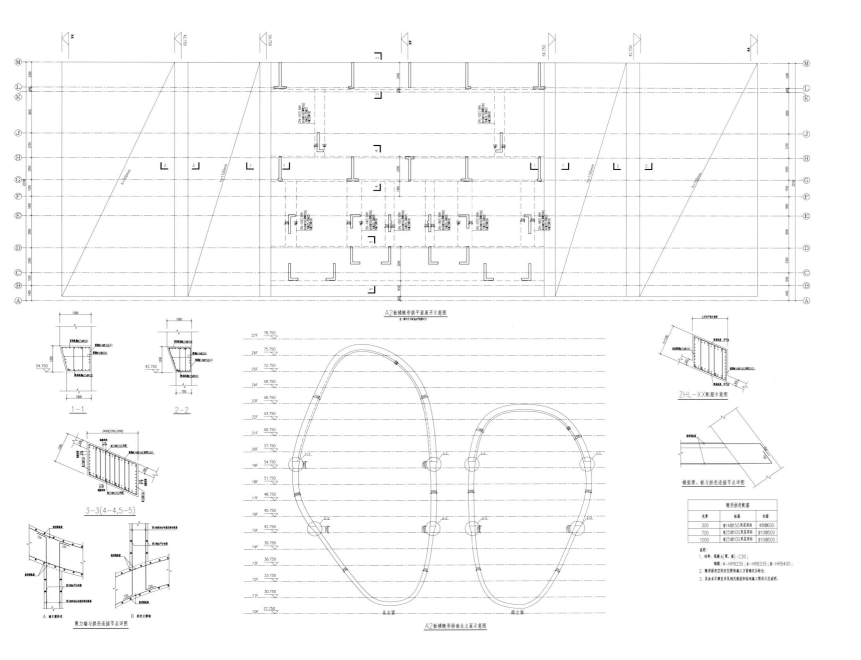

A2板楼抛形拱平面展开示意图

1—1   2—2   3—3(4—4,5—5)

剪力墙与拱充连接节点详图
A 墙大檐拱充   B 拱充立撑墙

A2板楼抛形拱南北立面示意图
北立面   南立面

ZHL—XX配筋示意图

楼面梁、板与拱充连接节点详图

抛形拱充配筋		
充厚	板筋	拉筋
300	φ14@150某层双向	φ8@600
700	φ25@100某层双向	φ10@500
1000	φ25@100某层双向	φ10@500

说明:
1. 材料:混凝土(梁、板):C30;
   钢筋:φ—HPB235;φ—HRB335;φ—HRB400;
2. 抛形拱充空间位移按施工方案调定后给出。
3. 其余未尽事宜详见相关规范和构造施工图设计总说明。

61

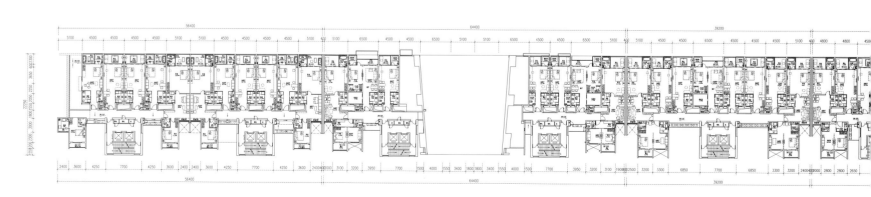

13层平面

14层平面

公寓设计：上海江欢成建筑设计有限公司＋MAD 建筑事务所
时间：在建

项目地址：中国三亚
场地规模：365 000 平方米

楼层数：28
开发商：三亚凤凰岛发展有限公司

三亚凤凰岛：超曲面建筑群

凤凰岛位于"阳光海岸"的核心，而"阳光海岸"是三亚市区旅游开发的核心。其四面环海，通过 394 米长的海上观光大桥与三亚市中心相连。该项目作为该区域标志性的一部分，由 5 幢 100 米高的全海景精装酒店式公寓组成，严格按照超五星酒店标准打造。

设计突破

为了在室内能最大视角地欣赏海景，阳台的门窗必须是落地的，而且都要是弧形的；门窗和幕墙玻璃都需要单件定制，每栋楼每层的大小和弧度都不同，每一个门窗都只能像手工作坊一样，单个制作；27 000 多块幕墙玻璃，每块玻璃的尺寸都不一样，设计、生产加工、到最后安装，都是世界性的挑战。

商业突破

凤凰岛很好的填补了三亚市区内缺乏风景名胜和超星级酒店的空白。凤凰岛位于阳光海岸的几何中心点，凭借跨海大桥与市中心紧密相连，依托城市繁华，游离城市喧嚣。这种得天独厚的位置优势，毫无疑问的将成为三亚市的城市名片和优质名胜景点，位于三亚市主城区并脱离三亚主城区，开辟出一片崭新的"蓝海"。

景观

5 栋高层公寓，在海天一色的浪漫意境中，尽享 360 度无敌海景，尊享奢华与自然的完美融合。高大树木与低矮灌木、花卉及草坪共同形成层次丰富的宜人绿化环境。公寓及酒店顶层设计高达 20 米的人工热带雨林花园，酒店内部铺设沙滩。流线型水景，创造景观的灵动感。跌水景观、教堂广场、婚庆大草坪、SPA、木栈道等各色景观点缀其间。

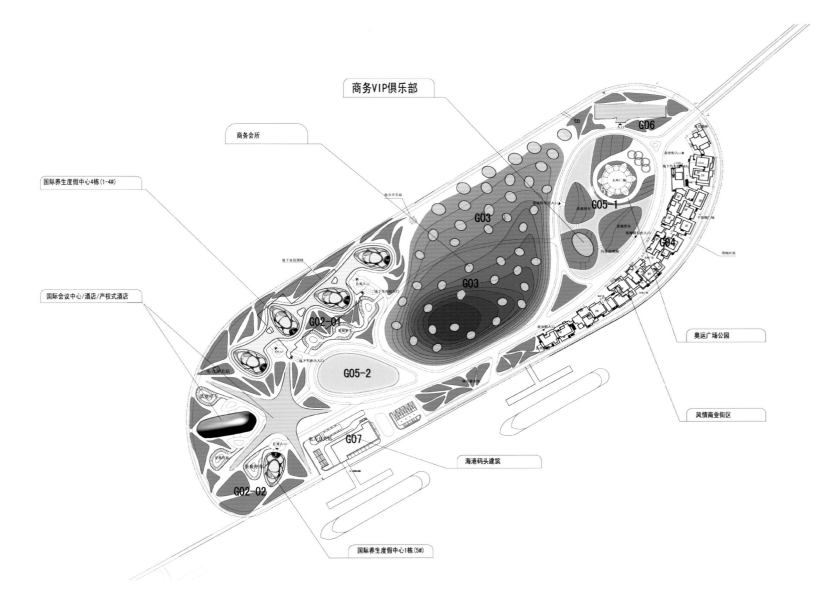

商务VIP俱乐部

商务会所

国际养生度假中心4栋(1-4#)

国际会议中心/酒店/产权式酒店

G03

G03

G02-01

G05-2

G06

G05-1

G04

奥运广场公园

风情商业街区

海港码头建筑

G07

G02-02

国际养生度假中心1栋(5#)

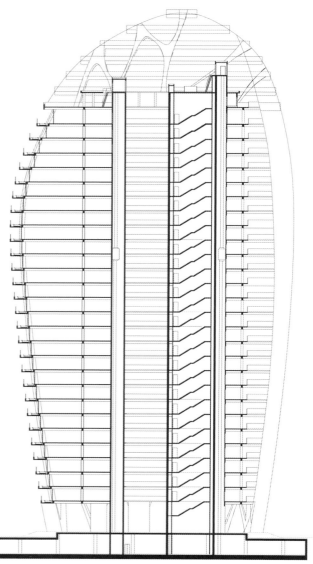

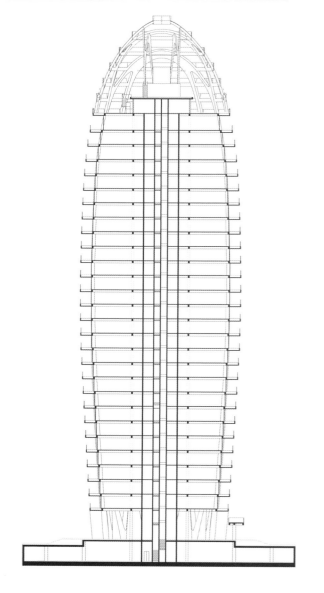

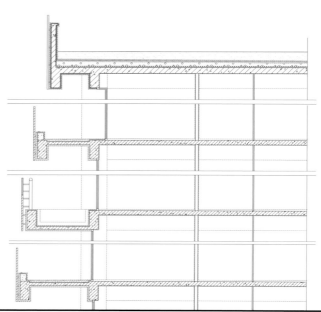

建筑

源自海洋的曲线建筑，超乎想象，灵动梦幻，流畅的曲线唤醒热带海洋气息。自然通风系统良好，让5幢养生度假公寓成为能够呼吸的建筑。它们采用沿海滨线形排列布局，保证了建筑的观海面，并形成沿海滨的景观裙房，服务于整个建筑群；单体建筑相连又不相互干扰，泾渭分明，章法井然。 建筑 " 现浇混凝土剪力墙结构 "，6度设防，7度抗震构造措施，提高抗震能力。美国 Daktronics 公司，专为建筑立面定制 LED 显示屏。夜幕下，建筑幻化出流光溢彩，散发出诱惑的光影。拉斯维加斯般的幻彩灯光，瞬间让海沸腾，让心情盛放。

室内

户型面积从 50 到 300 平方米，每一户都由世界殿堂级奢侈品品牌设计师量身设计，室内装修材料和每一件装饰用品都从欧洲各个国家进行专业定制。

设施

凤凰岛紧邻三亚湾核心区域，共享城市餐饮、购物、娱乐、体育、休闲、医疗等高端生活配置。建筑顶层还设有放松身心的海洋温泉 SPA 会所，会所专用的温泉其矿物质含量是普通温泉的数倍。

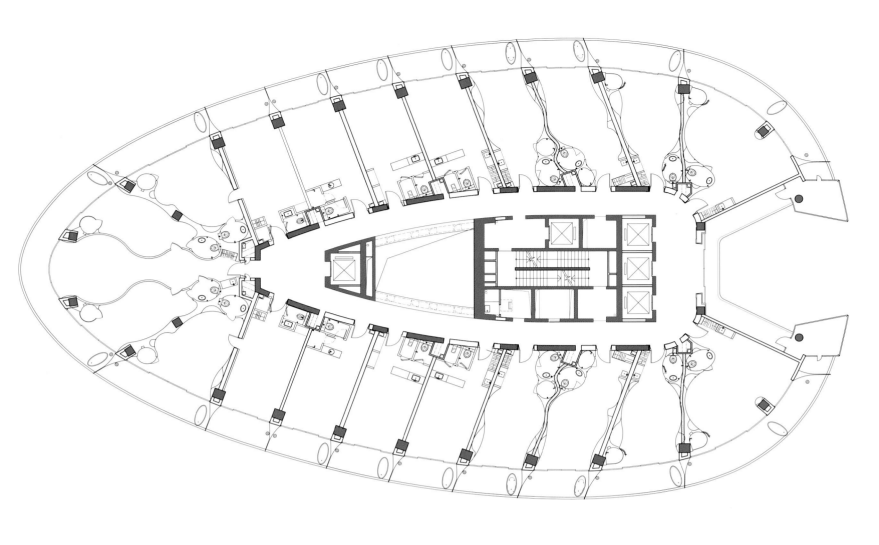

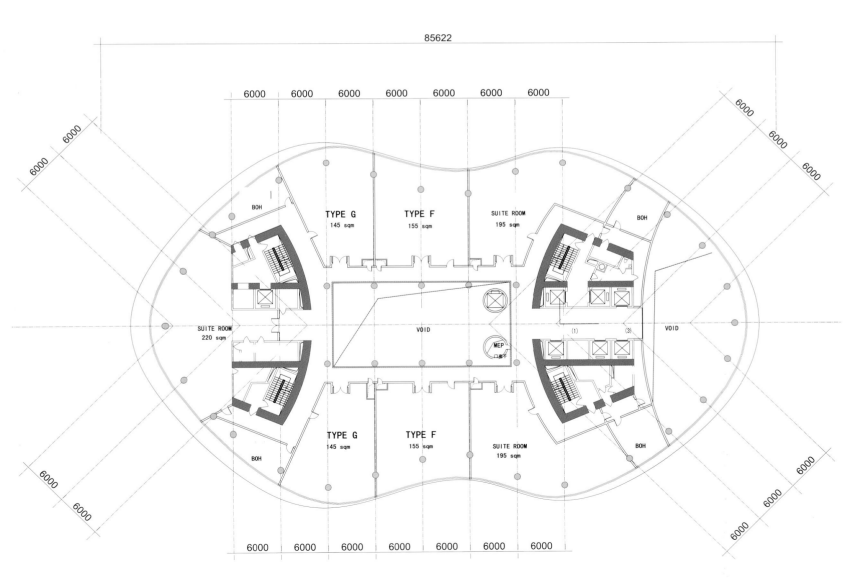

85622

6000 6000 6000 6000 6000 6000 6000

6000

6000

6000

6000

6000

BOH

TYPE G
145 sqm

TYPE F
155 sqm

SUITE ROOM
195 sqm

BOH

SUITE ROOM
220 sqm

VOID

(1)   (3)

VOID

MEP

TYPE G
145 sqm

TYPE F
155 sqm

SUITE ROOM
195 sqm

BOH

BOH

6000

6000

6000

6000

6000 6000 6000 6000 6000 6000 6000

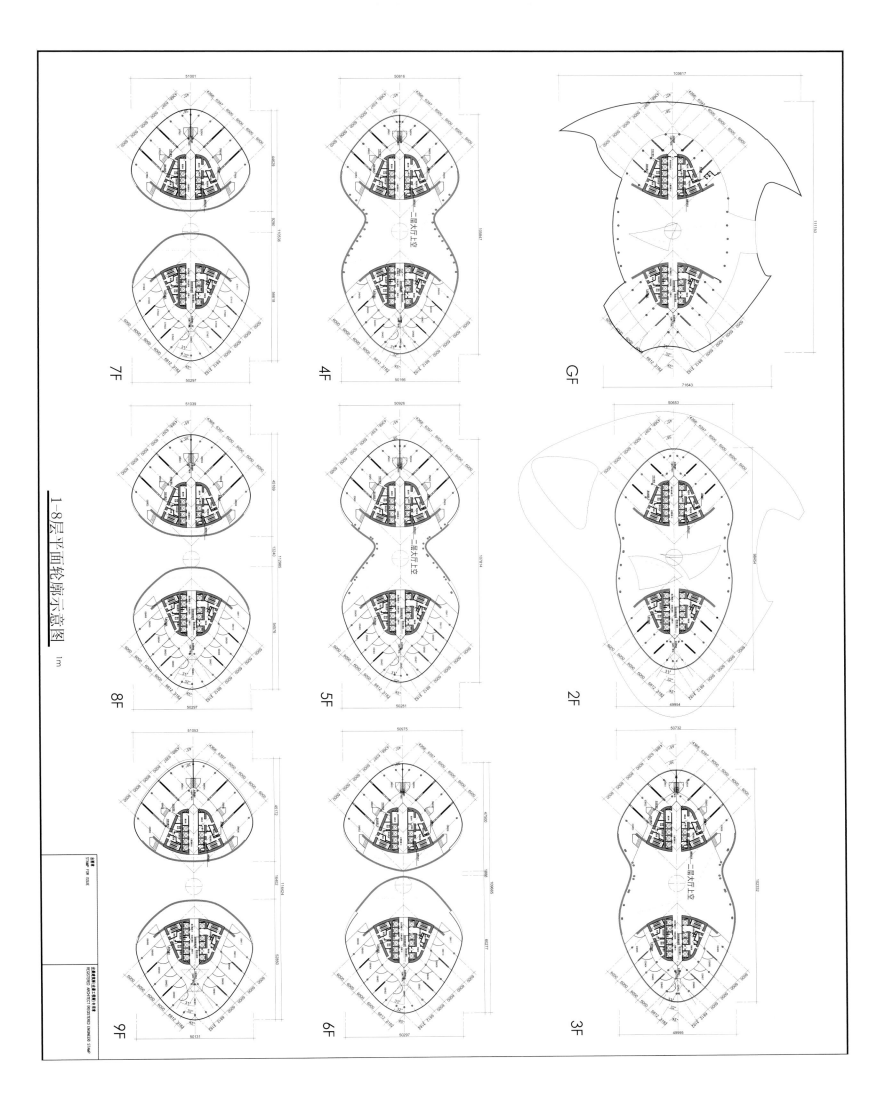

1-8层平面轮廓示意总图 1m

7F

4F

GF

8F

5F

2F

9F

6F

3F

图章签发
STAMP FOR ISSUE

注册建筑师(设计师)专用章
REGISTERED ARCHITECT/REGISTERED ENGINEER STAMP

公寓设计：SPEECH Tchoban & Kuznetsov
竣工时间：2013 年

项目地址：俄罗斯索契
场地规模：2 000 平方米

楼层数：30
开发商："Kurortinvest" Company + MR-Group

Actor Galaxy Multifunctional Apartment Complex: 雪白的泪珠

这个混合功能的公寓式综合体，选址于索契风景最美的区域，即惟一的森林公园旁边。森林公园建于 19 世纪末期，位于演员疗养院区域。建筑的非凡设计及其设施，使该项目成为索契现代度假圣地建筑中备受关注的一栋。

设计突破

泪珠状的外形是该项目最大的特点。这样的设计既呼应了所在地块的周边环境，也通过特殊的结构和最佳朝向，保证了住户的观景视野。平台、围廊、百叶搁板都是海洋环境和半热带气候下适宜的设计元素，用于抵御来自阳光辐射和海风的威胁。宽敞的平台和围廊为室内空间提供了向外的拓展空间。

商业突破

该项目位于俄罗斯最大的旅游疗养胜地索契市，这里有引人入胜的海岸和山地风景，当地经济收入的 80% 以上来自疗养和旅游业，其他主要是食品、印刷等对环境无污染的轻工业，水文地质业也很发达。结合当地环境和文化，设计的雕塑式外观，将使该项目成为该区域令人瞩目的地标式建筑。

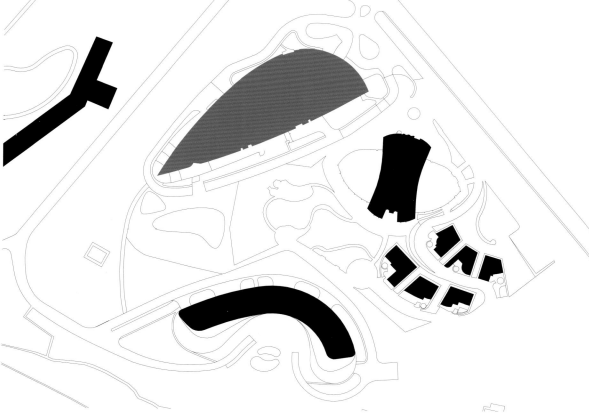

景观

该项目共 30 层，三维的设计方案确保其住户能享受该建筑的主要优势，能够欣赏美丽的海景，及周围的乡村美景。

设施

基础设施不仅包括标准的健身俱乐部和地下停车场，还包括已扩建的度假村和水疗服务设施，其中包括：私人海滩、室内和室外游泳池、水疗中心和几家餐馆。其中一家餐馆位于户外，用餐的客人可以在那里欣赏大海的全景，以及该建筑旁边的现代公园。

建筑

该建筑呈泪珠状，其尖头部分朝向海滩。离海岸越远，顺着地块儿向前，楼层越来越高，形成了一道优美的曲线，其轮廓像一张动态的帆。综合体的内部设有中庭，被一个半透明的壳结构所覆盖，楼顶随着建筑的梯度从 66 至 91 米不等。外部和朝向中庭的立面，围绕着弯曲的丝带状阳台，在建筑表面造成一种海浪运动的假象。得益于"泪珠"尖端的楼层递减，较高的楼层处设置的空中豪宅，拥有了无障碍观览海景的平台。

室内

建筑的独特造型赋予了室内通透的采光和良好的通风。

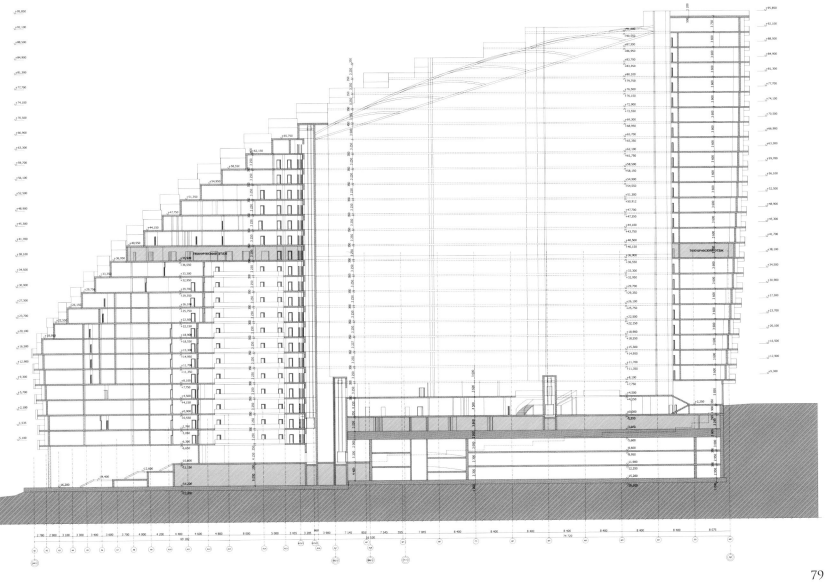

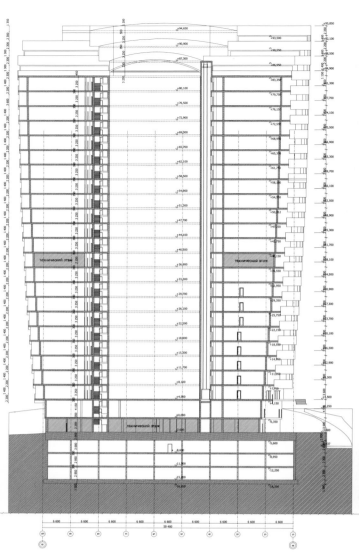
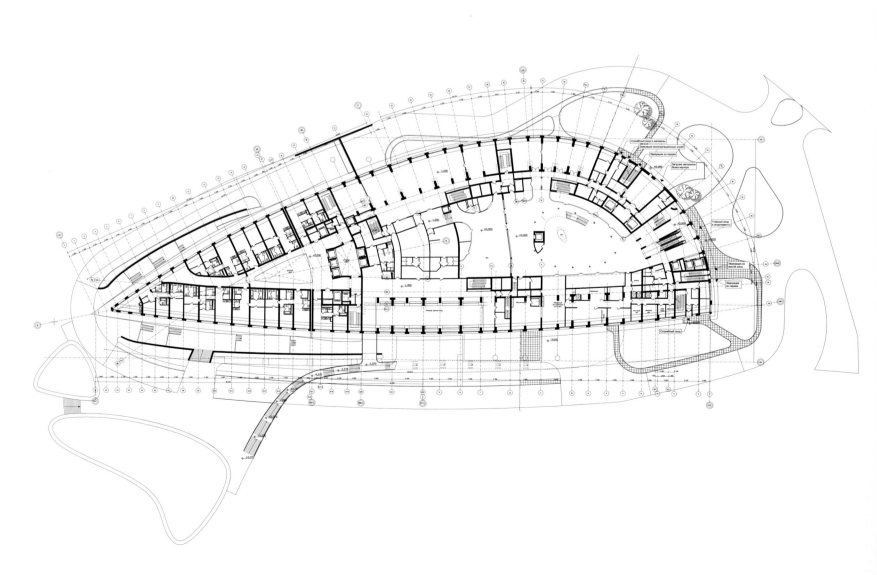

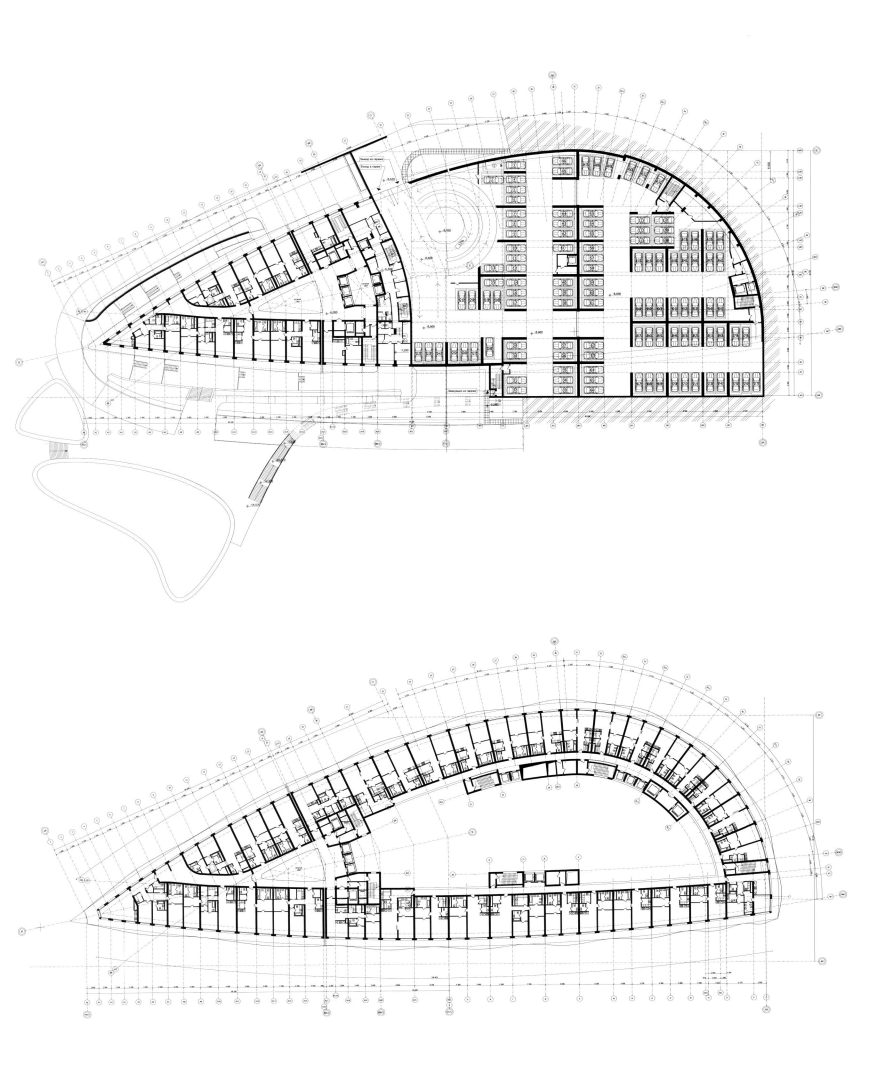

公寓设计：SeARCH
竣工时间：在建

项目地址：荷兰阿姆斯特丹
场地规模：89 000 平方米

楼层数：16
开发商：Private

IJDock: 围垦式模型

上世纪九十年代中期，阿姆斯特丹住房建设部门及 ASR 开发部联合起来在 IJ 水道南岸建造了一座令世人瞩目的多功能城市综合体。该项目的总体规划是一个 89 000 平方米的多功能综合体，毗邻阿姆斯特丹中央站，处于一个显著的地理位置。中央站拥有 500 个车位的地下停车场、一座新建的法院、一家拥有 300 间客房的 5 星级酒店、56 栋公寓、新建水警办公楼、商业区、以及能容纳 60 只船的新建码头。

设计突破

该设计基于一个给定的体积、功能和逻辑安排。狭窄的基础建设，也是建设性的挑战，因为主体似乎是在基础上面盘旋着。整个外观是由玻璃制成的，部分作为一个双门面的取向。狭长形的建筑使水无处不在，在较低的楼层可以通过码头，使该项目拥有不一样的特点。丰富的立面，与周围的环境形成了鲜明的对比。

商业突破

得天独厚的地理优势，使得人们可以乘搭任何交通工具，达到建筑所在的区块。整个群落集多样功能于一身，再加上周边完善的商业氛围和齐备的设施，住户可以做的就不单单是生活和工作了。另外，该项目还解决了该区域的停车问题。两层的停车空间，可以容纳 500 个车位，其中至少 56 个是专门为住户而准备的。

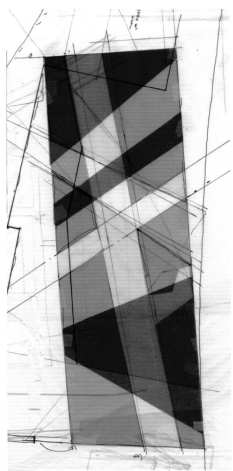

景观

建筑设计师 Bjarne Mastenbroek 及 Dick van Gameren 赋予了该项目与众不同的设计新意。景观的设计经过了 26 位客户及其他相关团体的"反向协商"而决定的,并充分考虑了周围社区的意见。项目内的文化保护遗址,也是在设计中需要考虑的关键。

建筑

地块为 60×180 m 的区域,其边界为航线 IJ 和 Westerdok 与新码头的水域连接区。通过在这片区域建造 44 米高的公寓,使可用面积增加了两倍。于是,50% 的体积可以被切掉。这些"基坑"的外形由周围的城市环境决定。其典型的"围垦地"模型,提供了不同的视点,满足了不同人群的需求。因此,项目基地的条件、规划及城市和项目干预措施决定了最终的建筑表皮设计。

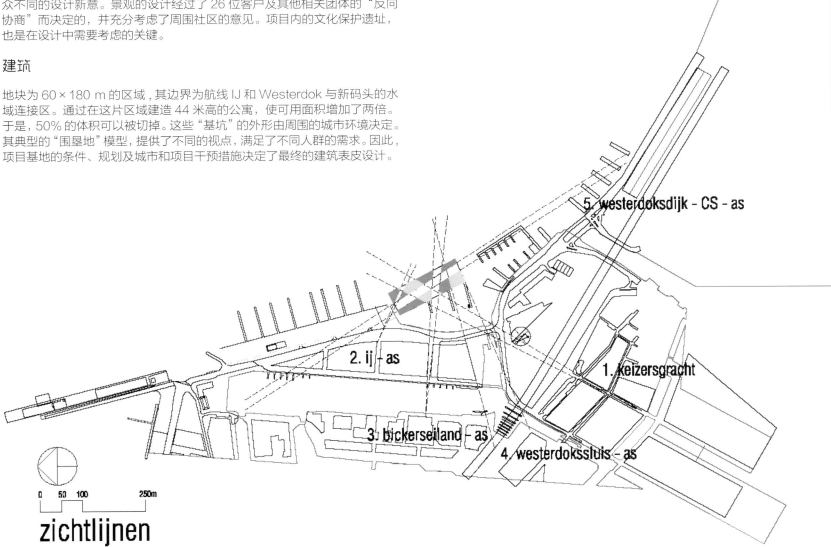

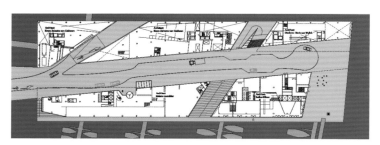

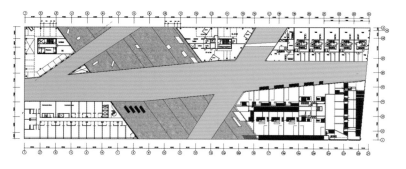

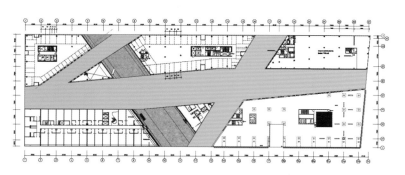

室内

IJDock 公寓是专为追求奢华生活人士而打造。每套公寓都非常宽敞，其大小从 100 平方米到 290 平方米不等，分布在一楼至十一楼，其中一些公寓为复式，多种户型可供住户选择，地下停车场及第一层均设有电梯。还有什么比住在阿姆斯特丹市中心，但仍然拥有自己的停车位更奢华的呢？

设施

根据该项目的总体规划，其中包括停车场、码头及公共街道。Bjame Masternbroek 和 Dick van Gameren 在该项目中起监督作用，并与其他的建筑设计院共同合作完成该项目。

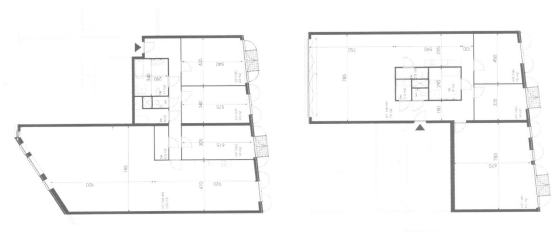

公寓设计: SPARK
竣工时间: 2011 年

项目地址: 迪拜
场地规模: 178 000 平方米

楼层数: 35
开发商: Mubadala CapitaLand Real Estate Company LLC

Rihan Heights: 城市绿洲

该项目是著名的阿尔达奈岛总体规划开发系列中的
首个项目，位于阿布扎比岛入口处。其外观、材料
精选、地理位置、气候以及居住功能的独特安排，
尽显高端设计品质。5 座公寓楼以及 14 栋别墅，
为住户提供了各种房型。

设计突破

Rihan Heights 的目标是在干旱的沙漠
和葱郁的植被之间形成一个激动人心的对
比。为此，景观设计考虑到了阿布扎比的
天然环境，并减少了灌溉用水的需求。作
为 Arzanah 总体规划的一期工程，这里
覆盖了多种景观，尤其是干旱的沙漠地块。
垂直的空中花园形成了每一座住宅楼不可
分割的一部分，并组成醒目的图案花纹，
从高处看十分有趣。

商业突破

水资源的保护和利用既是设计中的推动
力，也是该项目的一大卖点。大树盖和其
他植被构成的天然遮挡将改善地块的微观
气候，形成宜居和可步行的环境。三层楼
的墩座用独特的景观包裹，容纳了停车场
等功能。斜坡上的景观构成了视觉上的愉
悦感，而住宅楼就扎根在这些景观中，靠
近俱乐部和其他社区建筑，为居民提供了
一个私人城市花园。

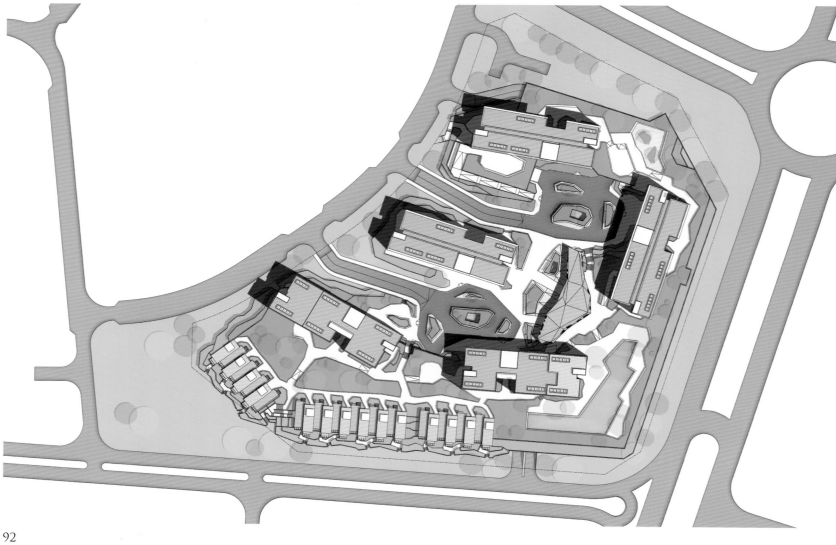

MATERIALS LEGEND :
CW. CURTAIN WALL
PW. PUNCHED WINDOW
BS. BRISE SOLEIL
LV. LOUVRE PANELS
RC. RENDERED CONCRETE
GR. GLASS RAILING

NORTH ELEVATION ALONG FOURTH STREET

EAST ELEVATION ALONG THIRTY FIFTH STREET   1:250

室内

室内多处采用防损高级玻璃对空间进行通透式处理。而楼梯间采用棕色作为台阶颜色，与白墙相呼应的同时，也加入了钢扶手作为支撑。

设施

会所和其他商业设施都毗邻于建筑所根植的景观平台。这些设施包括一个健身房、三个游泳池、一个儿童嬉戏空间、一个烧烤区域和隐蔽的停车场。

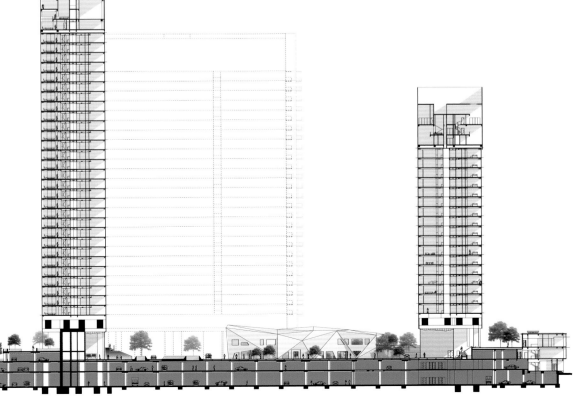

建筑

建筑设计充分考虑到了周边的环境，精心的选材，独有的外观为该地干燥的环境增添了一份绚丽与柔美。耐旱的植被符合当地的生态条件，完美地打造出建筑与生态的结合，让建筑看起来既高端又环保。

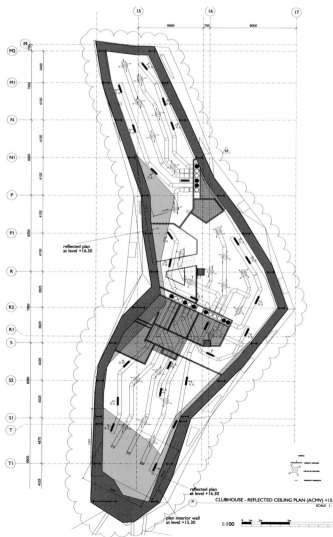

CLUBHOUSE - REFLECTED CEILING PLAN (ACMV) +15.30
SCALE 1 : 100

reflected plan
at level +16.30

plan interior wall
at level +15.30

1:100

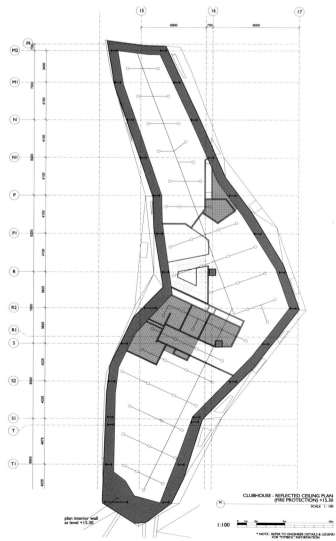

CLUBHOUSE - REFLECTED CEILING PLAN
(FIRE PROTECTION) +15.30
SCALE 1 : 100

plan interior wall
at level +15.30

1:100

* NOTE : REFER TO ENGINEER DETAILS & LEGEND
FOR "SYMBOL" INFORMATION

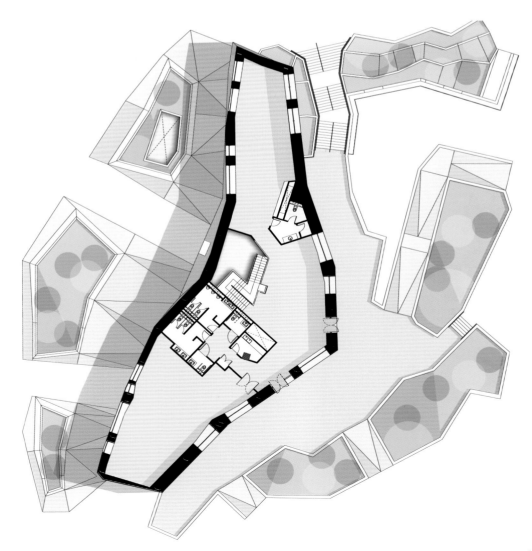

景观

本高层极为优秀的地方在于重视绿化环保。它拥有
双层的空中花园。建筑四周还建有不规则几何形状
的双层花坛，平台上的热带树木葱郁青翠。

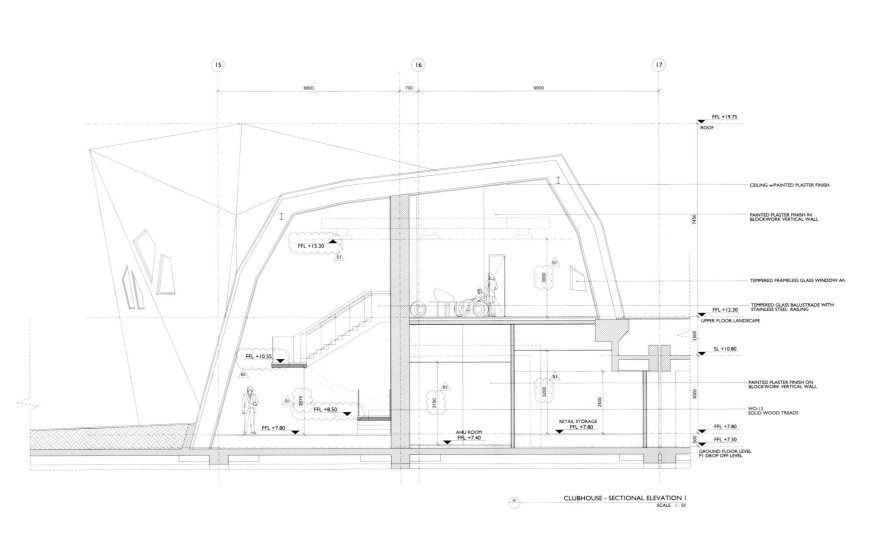

| 15 | 16 | 17 |

6800   700   9000

FFL +19.75
ROOF

CEILING w/PAINTED PLASTER FINISH

PAINTED PLASTER FINISH IN
BLOCKWORK VERTICAL WALL

7450

FFL +15.30

3000

TEMPERED FRAMELESS GLASS WINDOW AN

TEMPERED GLASS BALUSTRADE WITH
STAINLESS STEEL RAILING

FFL +12.30

UPPER FLOOR LANDSCAPE

1500

FFL +10.55

SL +10.80

PAINTED PLASTER FINISH ON
BLOCKWORK VERTICAL WALL

3000

2575

3150   3200   2400

WD-12
SOLID WOOD TREADS

FFL +8.50

RETAIL STORAGE
FFL +7.80

FFL +7.80

FFL +7.80

AHU ROOM
FFL +7.40

FFL +7.30

500

GROUND FLOOR LEVEL
P1 DROP OFF LEVEL

01   CLUBHOUSE - SECTIONAL ELEVATION 1
SCALE 1 : 50

101

公寓设计：Renzo piano building workshop
竣工时间：2012 年

项目地址：英国伦敦
场地规模：83 104 平方米

楼 层 数：87 层
开 发 商：Sellar property group

伦敦桥中心：垂直城市

伦敦桥中心又名碎片大厦，是 2012 伦敦奥运会开幕前由英国安德鲁王子揭幕的伦敦新地标建筑。作为"四分之一伦敦桥（London Bridge Quarter）"计划的一个部分，它代替了 1970 年代大桥街的南华大厦（Southwark Tower）这个位置的天际线，处于交通节点的中心位置，为伦敦的扩展起到了关键的作用。它位于伦敦桥塔桥附近，高 310 米，是目前欧洲最高的建筑。大楼的外形有如几片尖细的玻璃碎片合抱在一起，指向天空。底层将作为办公区，高层则有公寓、餐馆和宾馆。

设计突破

因应纽约的世界贸易中心受到攻击，伦敦桥中心在结构上重新设计，并改进了结构的稳定性。而大厦的设计特点是使用能改变反射光模式的多种形式玻璃面板，有效调整光源分布。它之所以又名"碎片大厦"，是因为外墙由向内倾斜并依次向上延伸的玻璃片覆盖着，自下而上由粗变细，最终形成一个晶莹剔透的玻璃"金字塔"。

商业突破

该项目令泰晤士河岸更显不凡，亦是欧洲最高可居住的建筑物。建筑将弥补了基地不规则的形态。大厦容纳的人数大概在 7 500 至 10 000 之间，但却只设计了 48 个停车位。这是为了让人们尽量少开车，多使用公共交通，有利节能减排。设计团队敢这么做，也是因为"碎片大厦"所处位置的公共交通非常便利。它的脚下就是伦敦桥火车站、地铁站和公交车站三位一体的交通枢纽，大厦门厅距火车站出口不过几十米。

© Rob Telford – Façade detail

© Michel Denancé

© Rob Telford

© Rob Telford

© ROB TELFORD

© MICHEL DENANCÉ

© MICHEL DENANCÉ

景观

大楼在 68-72 层设置了公共的观景平台，观景台有自己独立的地面入口，估计每年将吸引超过 50 万名游客。

建筑

建筑的形式以伦敦具有历史性的尖顶和桅杆为基础而设计。伦敦碎片大厦外观就像一座玻璃金字塔，底座宽大，逐渐向上收窄，顶部锯齿状尖塔更是独具特色。塔尖的玻璃板互不接触，形成一个"让大厦在天空呼吸"的开放空间。皮亚诺运用了精密复杂的玻璃幕墙，这个极富表现力的建筑立面由成角度的窗玻璃组成，同时反射光线，丰富视觉感受。

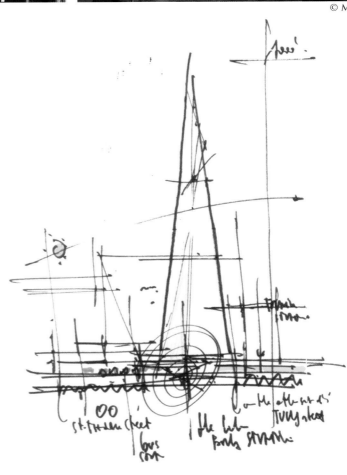

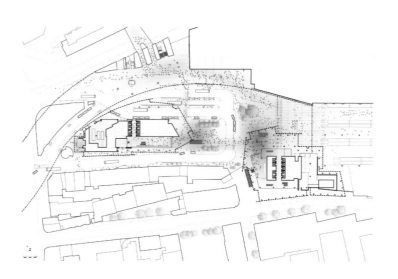

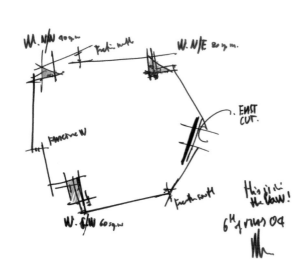

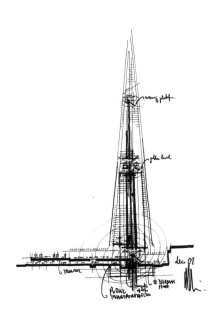

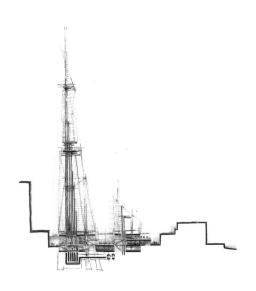

整体剖面图

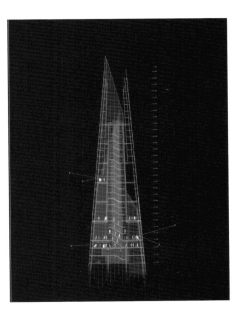

顶部细节剖面图

110

© PAUL RAFTERY

the Shard

London, 2012

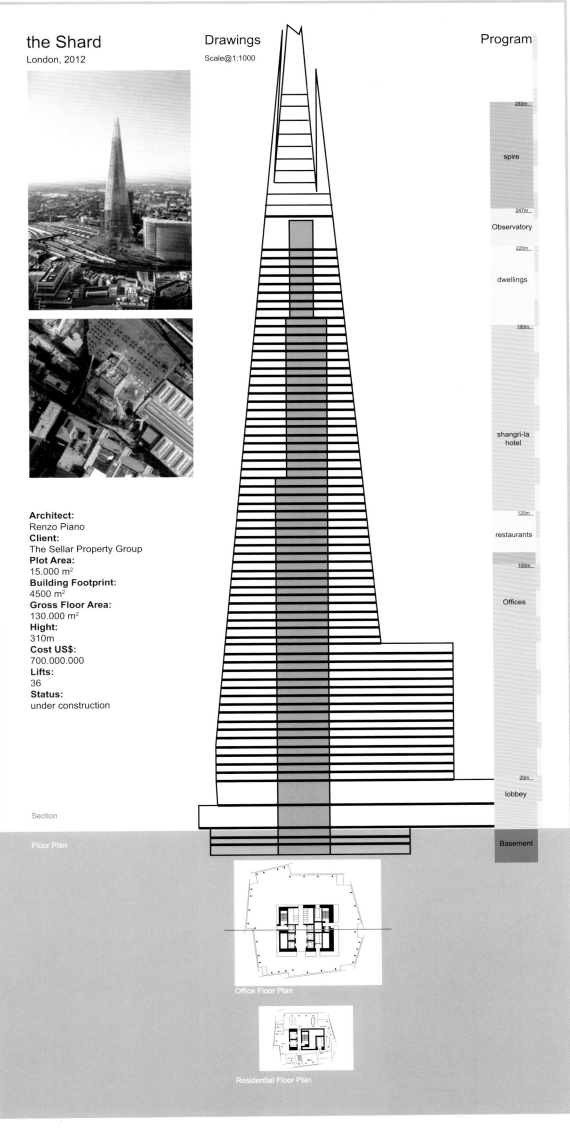

Drawings
Scale@1:1000

Program

285m
spire

247m
Observatory

220m
dwellings

190m

shangri-la
hotel

120m
restaurants

100m
Offices

20m
lobbey

Basement

Architect:
Renzo Piano
Client:
The Sellar Property Group
Plot Area:
15.000 m²
Building Footprint:
4500 m²
Gross Floor Area:
130.000 m²
Hight:
310m
Cost US$:
700.000.000
Lifts:
36
Status:
under construction

Section

Floor Plan

Office Floor Plan

Residential Floor Plan

© MICHEL DENANCÉ

设施

该多功能建筑可容纳 7 000 人活动，集商店、餐厅、博物馆、办公室、住宅及旅馆于一身，其用途分布如下：第 1 至 3 层作为购物中心；4 至 31 为办公室；34 至 36 层是公众观景区；37 至 51 作为旅馆；52 至 64 是 114 个单位的公寓区域；65 至 66 是第二个观景层。

111

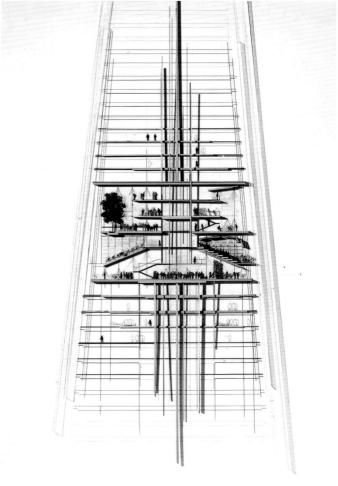

Façade of the Shard, at the top right corner there is the overlap of the shards. Also you clearly can see the red roller blinds in between the two glass skins.

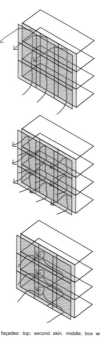

Different skin façades: top; second skin. middle; box window frame. bottom; corridor façade.

对摩天公寓有兴趣的住户可选择 53 层至 65 层入住,其中一些户型为双层公寓, 另一些虽然只有一层,但却拥有 360 度 全视角景观。

© MICHEL DENANCÉ

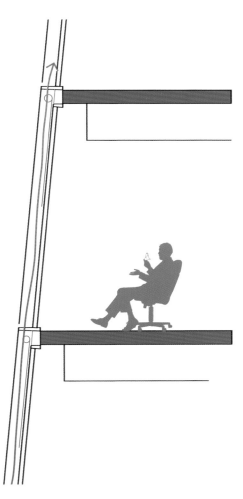

室内

对摩天公寓有兴趣的住户可选择 53 层至 65 层入住,其中一些户型为双层公寓, 另一些虽然只有一层,但却拥有 360 度 全视角景观。

公寓设计：Arquitectonica + Heller–Manus Architects
竣工时间：2008 年

项目地址：美国旧金山
场地规模：92 903 平方米

楼 层 数：42
开 发 商：Tishman Speyer

旧金山无限空间豪华公寓：四叶苜蓿

旧金山的新地标——"The Infinite"豪华公寓小区，占地一个街区，由 4 座 8 层、9 层、37 层和 41 层高的建筑组成。公寓距离旧金山渡轮大厦（the Ferry Building）与内河码头（the Embarcadero）仅几步之遥。除了住宅空间，这里还包括健身中心、购物区域、767 个停车位和公共庭院。

设计突破

建造 4 座地下深至地下水位 50 英尺以下的建筑，是一项令人敬畏的任务。该项目奠定了防水喷射混凝土应用领域的领先地位。在节约成本，缩短工期，深挖地下 60 英尺的背景下，凯顿 KIM 混凝土外加剂防水系统与喷射混凝土"相遇"，并取得了良好的效果。这是一种节省资金和时间的方法，与常规现浇法相比只需要一半的模板和设备。

商业突破

该项目是 2009 年美国销售速度最快的房地产项目。高层住宅的设施直接决定了高层生活的舒适与否。公寓楼下的高档中央庭院成为了社区的焦点。如今的高层公寓不仅仅是由一个个套房重叠起来的孤零零的楼宇，而是拥有了更多内容，资源共享的好处在此尽显。旧金山的房产市场在这方面还拥有很大很广的发展空间。

景观

公共景观庭院和步道直接插入公寓小区，人们可以在此休憩。庭院上层平台类似廊道，整体呈阶梯式，让人不禁联想起意大利广场。

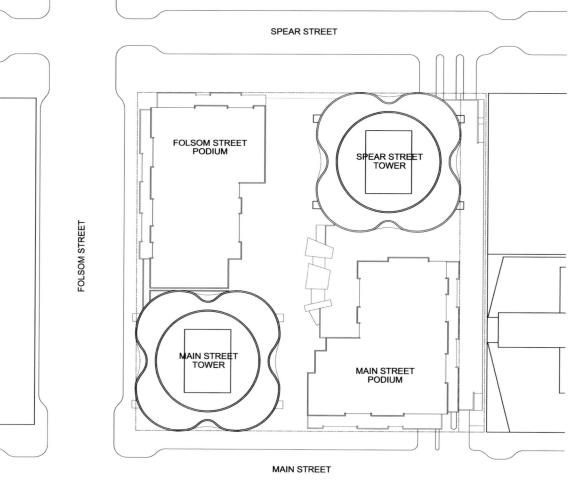

景观

公共景观庭院和步道直接插入公寓小区，人们可以在此休憩。庭院上层平台类似廊道，整体呈阶梯式，让人不禁联想起意大利广场。

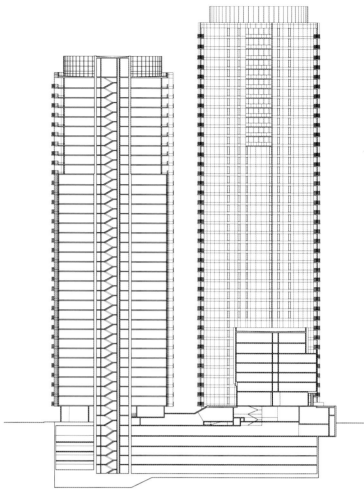

NORTH SOUTH SECTION LOOKING EAST THROUGH TOWER B AND PODIUM C

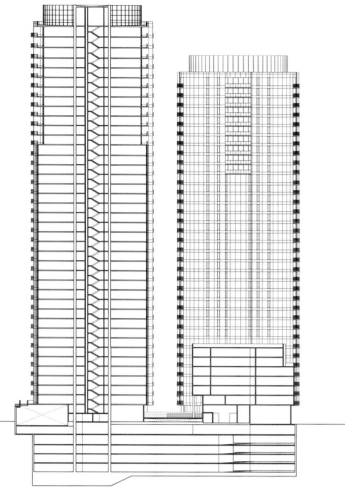

NORTH SOUTH SECTION LOOKING WEST THROUGH TOWER D AND PODIUM A

建筑

这个混合式的公寓项目，由两个低层和两个高层的体块组成，并由庭院和步道作为串接，跟城市文脉联系在一起。建筑的立面呈现柔和连续的弧度。玻璃幕墙提供了通透且多方向的视野。塔楼的设计基于四叶苜蓿，高层体块遵循波浪状的弧度曲线，低层体块呈直线延展，与周边的环境融于一体。

室内

住户随时能从超长弧型窗口俯瞰旧金山海湾瑰丽全景，和连接旧金山半岛的著名金门大桥。傍晚来临，还可以欣赏到绝美的金门落日。

设施

裙楼的设置也是该项目重要的一环。因为地块并不在城市的中心，所以设计团队希望营造出社区感。裙楼包括购物区域和餐饮区域。

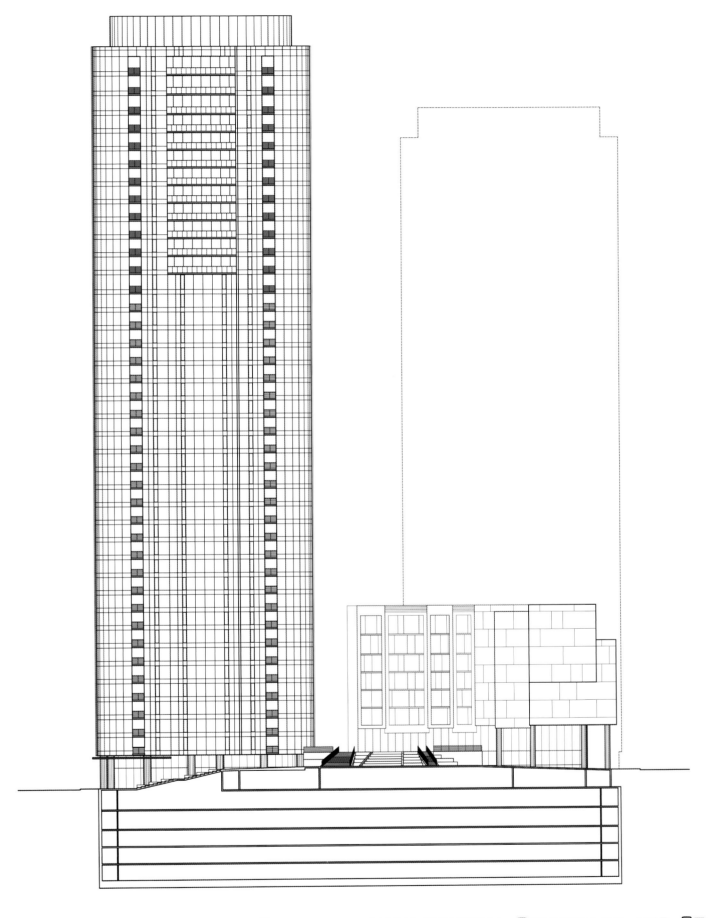

EAST WEST SECTION LOOKING SOUTH THROUGH CENTRAL COURTYARD AND STAIRS

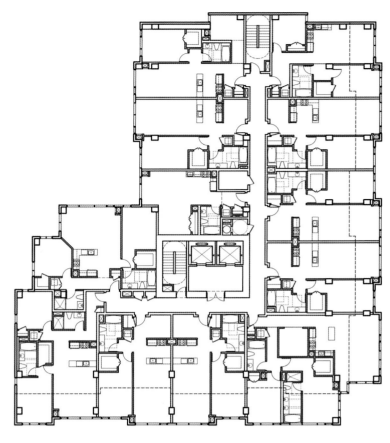

TYPICAL MAIN PODIUM PLAN

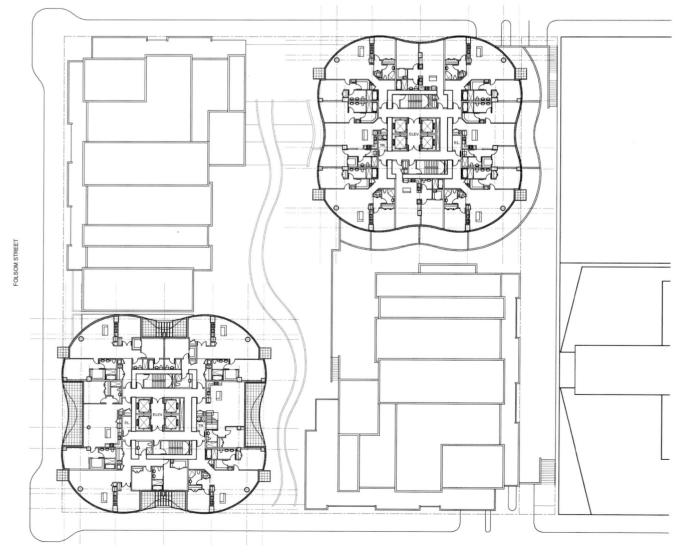

公寓设计：UNStudio
竣工时间：在建

项目地址：新加坡
场地规模：6 099.7 平方米

楼层数：31
开发商：远东机构

The Scotts Tower :
天空邻里

由 UNStudio 设计的新加坡的 Scotts Tower 是 Far East Organisation 新的 SOHO 品牌。建筑坐落于新加坡黄金地段，紧邻繁华璀璨的乌节路购物圈、高楼林立的滨海湾新金融中心和新加坡河两岸热闹非凡的休闲娱乐区；距离周边的纽顿和乌节地铁站均仅数步之遥，驾车经中央快速公路和泛到快速公路可轻松抵达全岛各地。

设计突破

为了节省空间，同时最大限度地提高生活 / 工作和游乐的空间，Scotts Tower 提出了新的功能和灵活的垂直空间维度，Scotts Tower 就像一个垂直的城市那样垂直的整合各种居住类型。此外，在天空的梯田上的复式屋顶花园和个别田块形式的户外绿化地带也是一个重要的设计元素。在土地资源越来越稀缺的城市，这的确是一个不错的解决方案。

商业突破

作为新加坡首批 SOHO 开发项目的先驱，该项目让 SOHO 生活进入了一个新时代，并开拓了在同一地点将生活、娱乐、工作和各种便利条件完美融合在一起的全新生活理念。它拥有得天独厚的地理位置，方便快捷的交通条件与自由灵活的室内空间，升值潜力巨大。对于那些既追求功能完备的开发设计和便利的市区位置，又追求充满自由雅致氛围的个性化生活空间的购房者来说，实为理想选择。

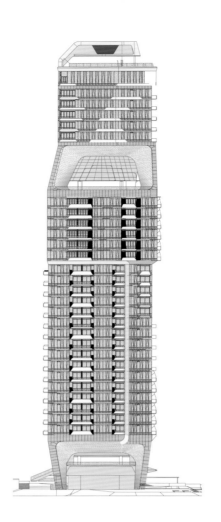

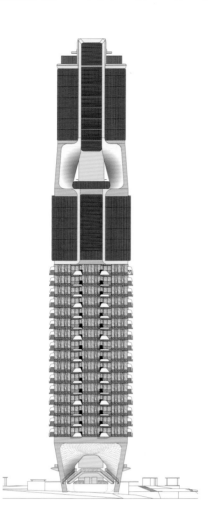

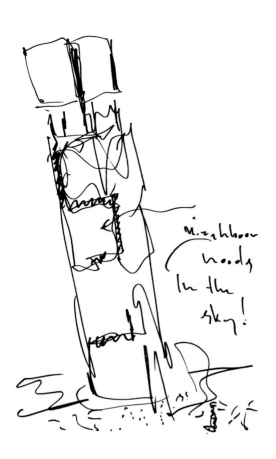

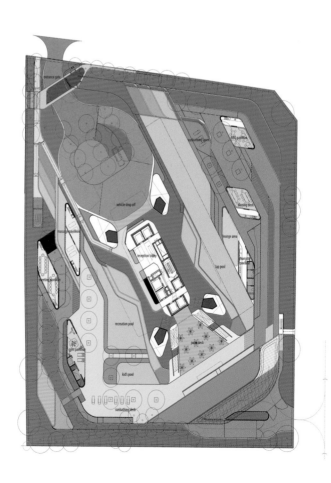

landscape plan

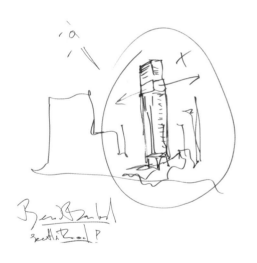

设施

在这里，住户不仅能享受便利的数字网络与生活配套设施，还可创建一个配备信息化基础设施的综合空间，将个人生活与企业办公尽可能的融为一体。

景观

该项目的景观和公众设施位于 2 楼和 25 楼处。25 楼的泳池和空中花园宛如华丽的超现实的城市乐园，为住户提供城市好望角之余，不忘考虑到他们介于隐私和公开之间的需求。

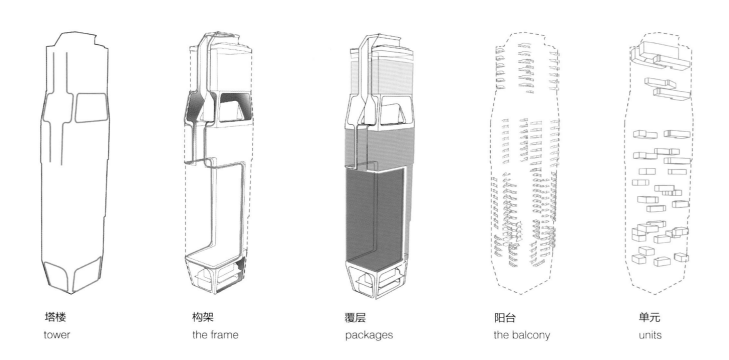

塔楼
tower

构架
the frame

覆层
packages

阳台
the balcony

单元
units

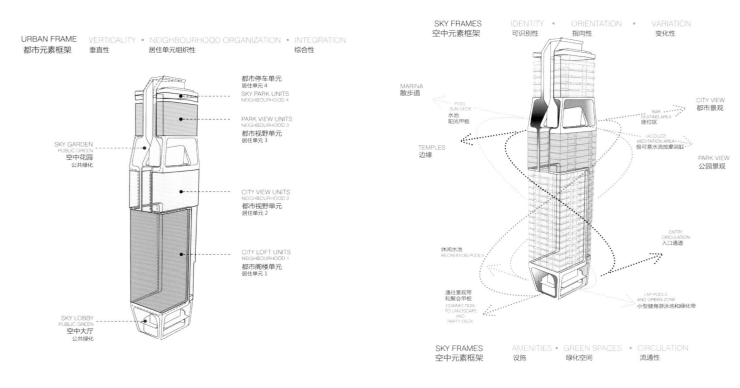

URBAN FRAME   VERTICALITY • NEIGHBOURHOOD ORGANIZATION • INTEGRATION
都市元素框架   垂直性   居住单元组织性   综合性

都市停车单元
居住单元 4
SKY PARK UNITS
NEIGHBOURHOOD 4

PARK VIEW UNITS
NEIGHBOURHOOD 3
都市视野单元
居住单元 3

SKY GARDEN
PUBLIC GREEN
空中花园
公共绿化

CITY VIEW UNITS
NEIGHBOURHOOD 2
都市视野单元
居住单元 2

CITY LOFT UNITS
NEIGHBOURHOOD 1
都市阁楼单元
居住单元 1

SKY LOBBY
PUBLIC GREEN
空中大厅
公共绿化

SKY FRAMES   IDENTITY •   ORIENTATION •   VARIATION
空中元素框架   可识别性   指向性   变化性

MARINA
散步道

POOL
SUN DECK
水池
阳光甲板

TEMPLES
边缘

BAR •
SEATING AREA
座位区

CITY VIEW
都市景观

JACCUZZI
MEDITATION AREA •
极可意水流按摩浴缸

PARK VIEW
公园景观

休闲水池
RECREATION POOLS

ENTRY
CIRCULATION
入口通道

通往景观带
和聚会甲板
CONNECTION
TO LANDSCAPE
AND
PARTY DECK

LAP POOLS
AND GREEN ZONE
小型健身游泳池和绿化带

SKY FRAMES   AMENITIES • GREEN SPACES • CIRCULATION
空中元素框架   设施   绿化空间   流通性

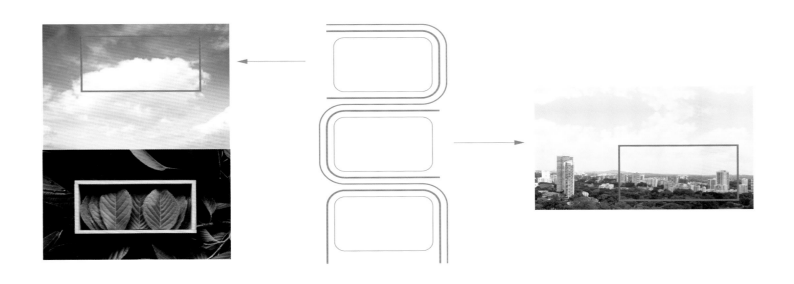

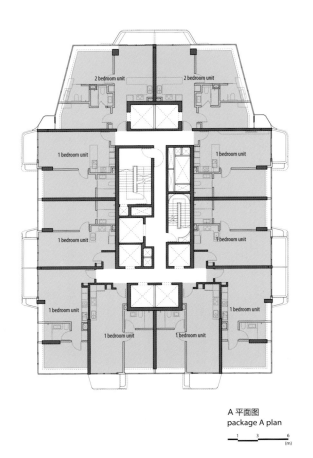

A 平面图
package A plan

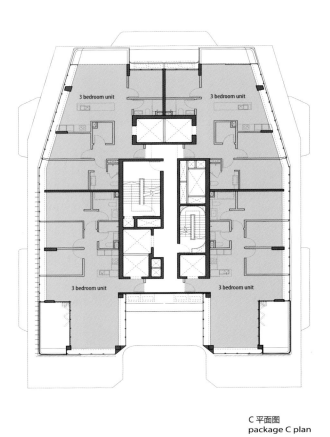

C 平面图
package C plan

B 平面图
package B plan

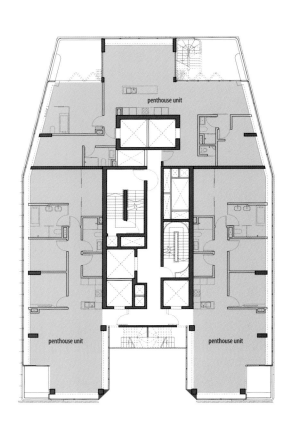

D 平面图
package D plan

建筑

跳出了一般的惯常设计手法，设计团队创造了一个在天空之中的街区，一个每个区域都拥有独特功效的垂直城市。用垂直城市整合各种居住类型和规模。此外，退台式屋顶花园及版块式绿化都是重要的设计元素。这个垂直城市在三个尺度上得到了解释："城市"、"邻里"、"家"。并用"天空框架"和"垂直框架"把它们组合到一起。在这个项目中，阳台不单是阳台，它其实私密如一件家具，是个人内部空间的一个衔接和延伸。独立框架系统上的阳台有着不同比例的复杂细部。

室内

建筑内，共有231个单位，户型有3间卧室的公寓，也有四间卧室的跃层。住宅类型采用了通用的定制设计。个人可以选择每个单位的类型、大小、排列和链接，并进行个性化的室内装饰。

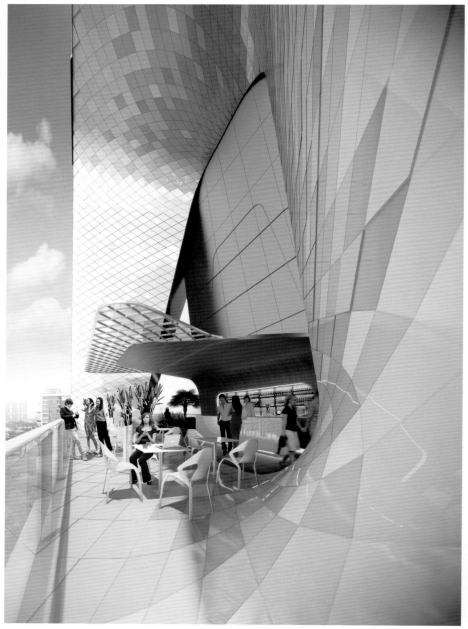

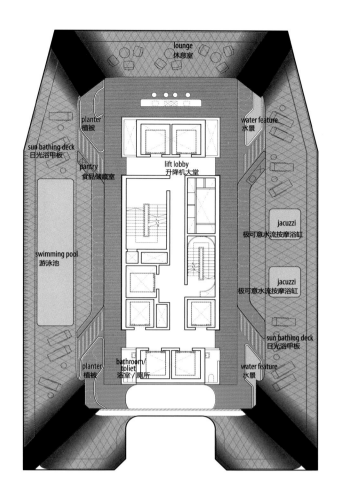

sky_Lobby plan 空中大厅平面图

lounge
休息室

lift lobby
升降机大堂

日光浴甲板
sun bathing deck

planter
植被

bar
酒吧

planter
植被

休息室
lounge

planter
植被

hot tub
热水浴缸

日光浴甲板
sun bathing deck

1 3 6
(m)

lounge
休息室

sun bathing deck
日光浴甲板

planter
植被

water feature
水景

pantry
食品储藏室

lift lobby
升降机大堂

jacuzzi
极可意水流按摩浴缸

swimming pool
游泳池

jacuzzi
极可意水流按摩浴缸

planter
植被

bathroom/
toliet
浴室/厕所

sun bathing deck
日光浴甲板

water feature
水景

空中露台平面图
sky-Terrace plan

1 3 6
(m)

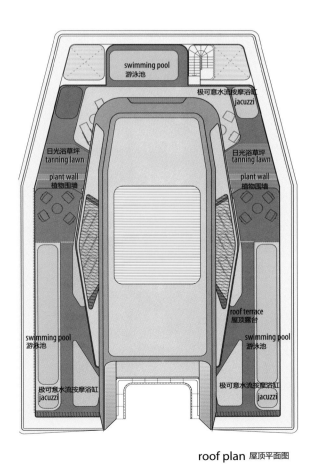

swimming pool
游泳池

极可意水流按摩浴缸
jacuzzi

日光浴草坪
tanning lawn

plant wall
植物围墙

日光浴草坪
tanning lawn

plant wall
植物围墙

roof terrace
屋顶露台

swimming pool
游泳池

swimming pool
游泳池

极可意水流按摩浴缸
jacuzzi

极可意水流按摩浴缸
jacuzzi

roof plan 屋顶平面图

1 3 6
(m)

公寓设计：Spark
竣工时间：2012 年

项目地址：中国宁波
场地规模：157 807 平方米

楼层数：22
开发商：凯德置地中国控股私人有限公司

宁波来福士广场汇豪国际行政公寓：交叠的缎带

汇豪国际行政公寓地处宁波三江口区域的宁波来福士广场内，地理位置优越，交通方便快捷。一出公寓即可进入来福士广场购物中心，享受一站式的餐饮、购物、娱乐、休闲生活；从来福士广场 B1 层可直接进入地铁 2 号线（在建）外滩大桥站；步行到大剧院、美术馆、老外滩等地也非常方便。

设计突破

宛若交叠的缎带设计使各部分得以无缝相连。住宅塔楼在设计上给人以舒适、沉静之感；商场部分的外立面显得活泼生动；办公楼巍然矗立。这一综合项目直接吸纳着周边城市的活力。2 万平方米的服务公寓别具一格的硬件装修及服务式公寓的理念，势必给宁波商务人士带来新鲜体验。

商业突破

该项目位于宁波市江北区大庆南路和大闸南路交岔口，毗邻高档住宅"凯德·汇豪天下"，周边汇聚多个高端住宅及写字楼，连接地铁二号线。这里是全方位打造的时尚潮人与高端人士的聚集地，将成为宁波核心滨水区地标性的城市综合体。大面积的空中花园，可谓宁波来福士绿色建筑中的环保典范。

建筑

宁波来福士广场在打造过程中已经荣膺新加坡建设局（BCA）推行的 Green Mark 认证，这是目前国际上实践性最强、最先进的的绿色建筑认证体系之一。建筑采用双层 LOW-E 玻璃，安装高效空调冷冻机组，建造屋顶和空中花园，以及裙房屋顶雨水回收系统……节能环保贯穿每一个环节。服务公寓的造型更富雕塑感。北侧体块上的条形开口使电梯厅直接面对外部景观。底部的石材基座围绕塔楼倾斜而上，与南侧主入口暴露的大玻璃面，虚实对比强烈。中部的条形窗由北向南开口逐渐加大，南侧的阳台可以遮挡夏日强烈的阳光。而塔楼顶部内凹的开口，无论白天还是夜景，均突出标识性，和办公塔楼分别处于基地的两角，彼此呼应。

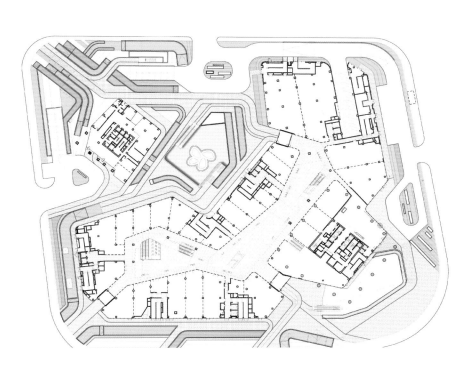

景观

街角下沉广场的设置联系着地铁和地下商场的出入口，同时也是城市快节奏转向休闲生活的过渡空间。3 个中庭分别对应 3 个主要出入口，平面呈折线型，有步移景异的效果。

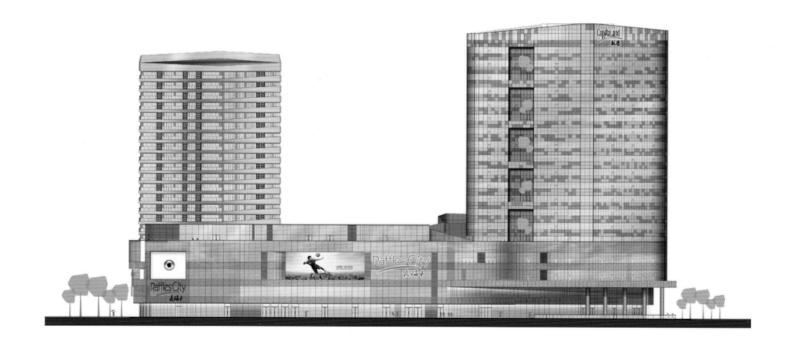

设施

汇豪国际行政公寓的每一间公寓均配备有设备齐全的厨房，并拥有先进的家庭娱乐系统。一楼大堂配有商务/行政前台、商务中心、具专业存储功能的红酒雪茄吧、咖啡厅/大堂吧；二楼为休闲场所，面积约1 000 ㎡，包括室内恒温游泳池、健身区等运动休闲功能。

室内

汇豪国际涵盖有约65 ㎡一房式公寓到158 ㎡两房式公寓等不同户型，更有约450 ㎡的典藏私属行政公馆，迎合精英人士的不同需求。

公寓设计: Spark
竣工时间: 2009 年

项目地址: 中国北京
场地规模: 14 686 平方米

楼层数: 21
开发商: 凯德置地中国控股私人有限公司

北京来福士广场雅诗阁公寓：水晶之莲

这个位于北京中心城区屡获奖项的国际品牌项目，是一个包括了商业、办公、公寓及酒店的综合体建筑。建筑地下直接连通东直门交通枢纽。

凭借轨道交通及近在咫尺的东二环、机场高速，占据最为便捷的交通网络和绝佳的地理位置。

设计突破

整个项目具有办公、零售、住宅及服务公寓四个功能，不同建筑物间既相互连接又彼此独立。位于商场裙楼上方的住宅楼和服务公寓俯视来看是呈交错状的，并且略微倾斜以摄取更多光线及与邻近的办公楼之间保持最大的距离。两幢住宅板楼由位于裙楼顶部的带有格子状玻璃穹顶的会所连接。

商业突破

北京来福士中心是凯德置地在北京的第一个大型综合建筑，也是集团在全球范围内的第三座"来福士"品牌系列建筑。连接亚洲最大的现代化综合交通枢纽和机场快线轨道，身处企业总部云集之地，并与中海油、中石化、中国电信等 11 家中国经济巨头为邻。252 套顶级服务公寓的设置，将会极大提升京城东北部市民的生活工作品质。

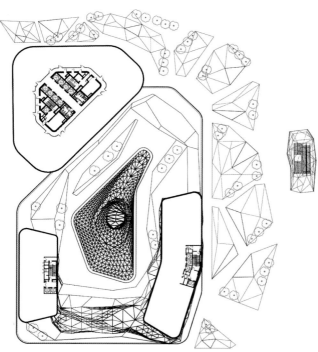

景观

景观规划的基本理念是带给每一位步入并流连于来福士广场的顾客以惊喜、它的整体设计让人难忘且享受其中。由此，设计团队渴望提供给人们一个愉悦的空间，让人们自由穿越于二环路及景观带间。变化的景观造型提供休憩空间于其中，并引领人流至东北角的商场入口。商场入口的喷泉及幕墙上的巨型液晶显示屏，使广场成为这一地带的流行地标。

建筑

设计团队围绕主要功能需求，进行设计组合，创建出了一个清晰而完整的综合体。缠绕于建筑之间的五层商业群楼，自然地构成了对建筑的围合。而玻璃材质打造的"水晶莲"成为了整个建筑的点睛之笔。再加上对办公楼大堂进行的镶嵌玻璃的外壳处理，一切都展示了项目的开发目标和建筑师对杰出设计和建设的不懈追求。这个独具匠心的高透光玻璃环保外立面，在阳光的照射下，创造出万花筒般的绮丽效果。

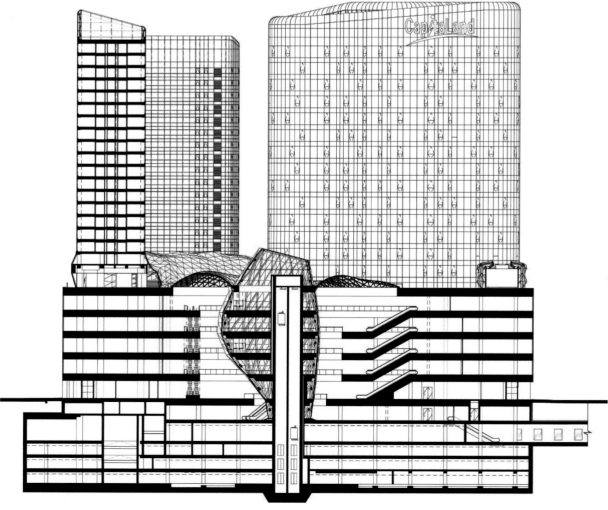

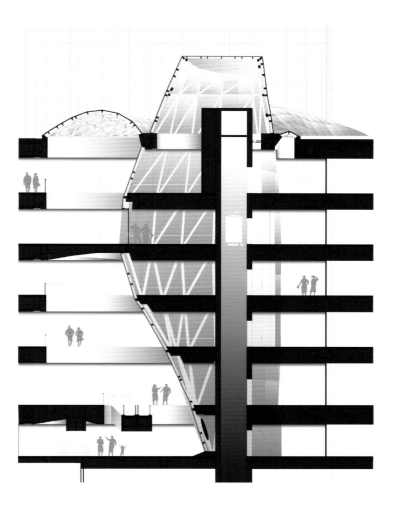

设施

高端新颖的生活便利设施、广泛的商务和娱乐器材配备，以及个性化服务为住户提供了各种生活上的支持。住户可以在活动室里随时举办会议或者一场鸡尾酒会。在忙碌的一天之后，更可选择在设备完善的健身房内锻炼身体、在恒温游泳池和水力按摩浴池中放松身心。

室内

公寓提供不同户型供客户自由选择，如 75 ㎡的行政一房式公寓，103 ㎡的豪华行政一房式公寓，147 ㎡的行政两房式公寓，263 ㎡的豪华行政三房式公寓等。

公寓设计：ONG&ONG Pte Ltd
竣工时间：2011 年

项目地址：新加坡
场地规模：955.8 平方米

楼层数：16
开发商：河谷传世有限公司

河谷 VERV: 空中豪宅

该项目坐落于河谷路，拥有 26 座住宅小区，附近的 SOMERSET 车站、ORCHARD 车站和 DHOBY GHAUT MRT 车站均经过该公寓。从小区到主要高速公路也非常容易，因此极大地方便了出行和旅游。

设计突破

该项目专为现代家庭定制，其中 15 层和 16 层设置了空中豪宅。利用建筑表皮上图案的重复和框架的构造，半透明的立面，最大化了日照和通风效果。在建筑的色彩设计上，以白墙为主调，外部辅以深灰色的格子框架，使建筑形成了鲜明的双重性格特征。也因此，产生了光与影的游戏。

商业突破

Verv 是一栋精致的高档公寓，甚至拥有属于自己的公寓品牌。经过设计的商标，被用来展现整体设计理念，并体现在了表皮的设计上，使得公寓拥有了一个独特的身份。公寓距离乌节路购物地带（新加坡有名的购物街）、索美赛地铁站、旅游胜地克拉码头和几条主要的高速干道如 CTE 和 AYE 都只有几分钟路程。

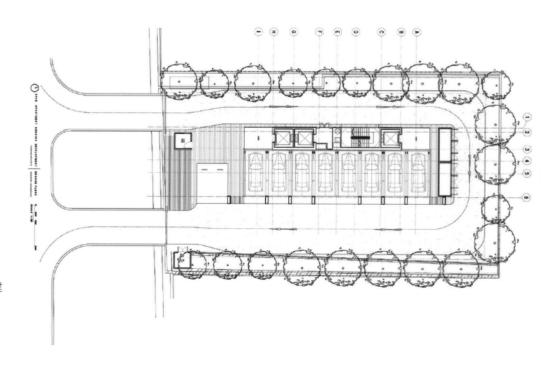

景观

该公寓位于城市中心，拥有 270 度不受干扰的全景视角，其设计旨在让居民享受便捷的城市生活。建筑物结构、建筑立面以及空中花园的每个角落，都会使住户感到满意，因为该项目本身就是一片令人惊叹的美景。

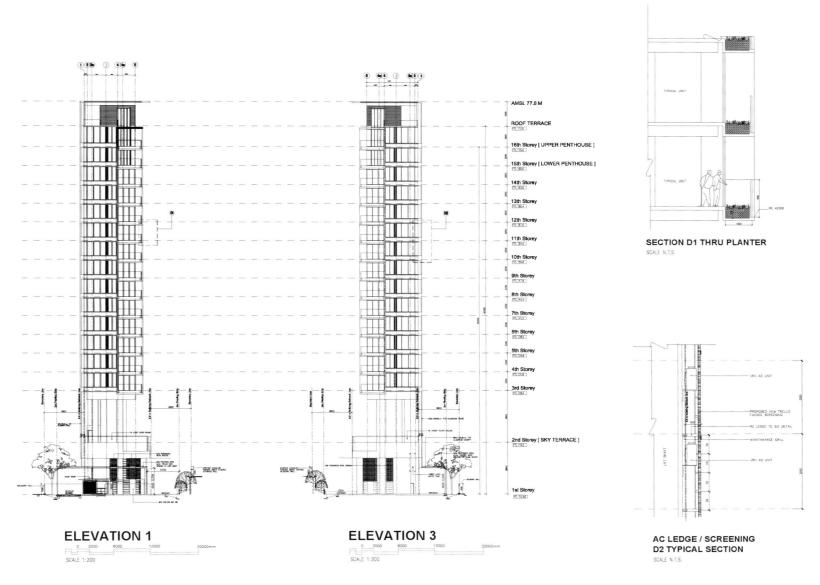

ELEVATION 1
SCALE 1:200
0 2000 6000 12000 20000mm

ELEVATION 3
SCALE 1:200
0 3000 6000 12000 20000mm

AMSL 77.8 M

ROOF TERRACE

16th Storey [UPPER PENTHOUSE]

15th Storey [LOWER PENTHOUSE]

14th Storey

13th Storey

12th Storey

11th Storey

10th Storey

9th Storey

8th Storey

7th Storey

6th Storey

5th Storey

4th Storey

3rd Storey

2nd Storey [SKY TERRACE]

1st Storey

SECTION D1 THRU PLANTER
SCALE N.T.S.

TYPICAL UNIT

TYPICAL UNIT

RC KERB

VRV AC UNIT

PROPOSED NEW TRELLIS
FACADE SCREENING

RC LEDGE TO S/E DETAIL

MAINTENANCE GRILL

VRV AC UNIT

LIFT SHAFT

**AC LEDGE / SCREENING
D2 TYPICAL SECTION**
SCALE N.T.S.

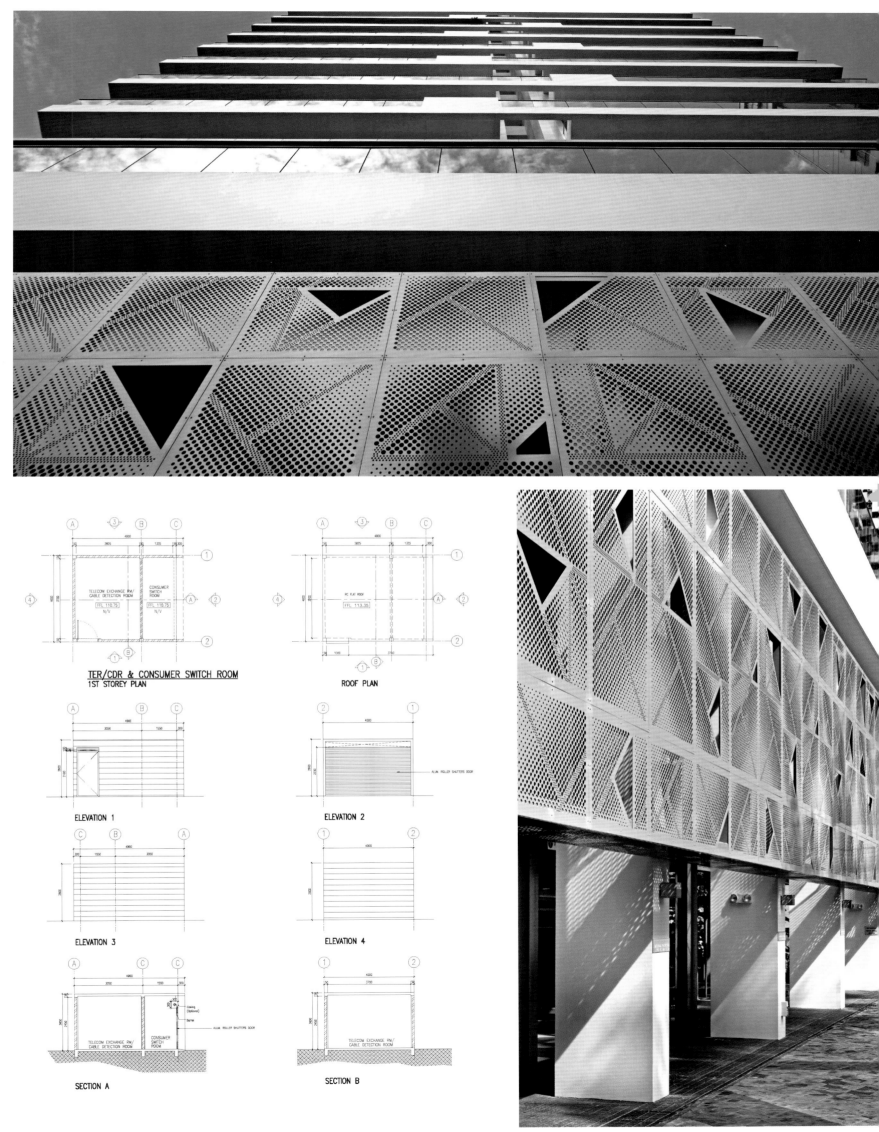

TER/CDR & CONSUMER SWITCH ROOM
1ST STOREY PLAN

ROOF PLAN

ELEVATION 1

ELEVATION 2

ELEVATION 3

ELEVATION 4

SECTION A

SECTION B

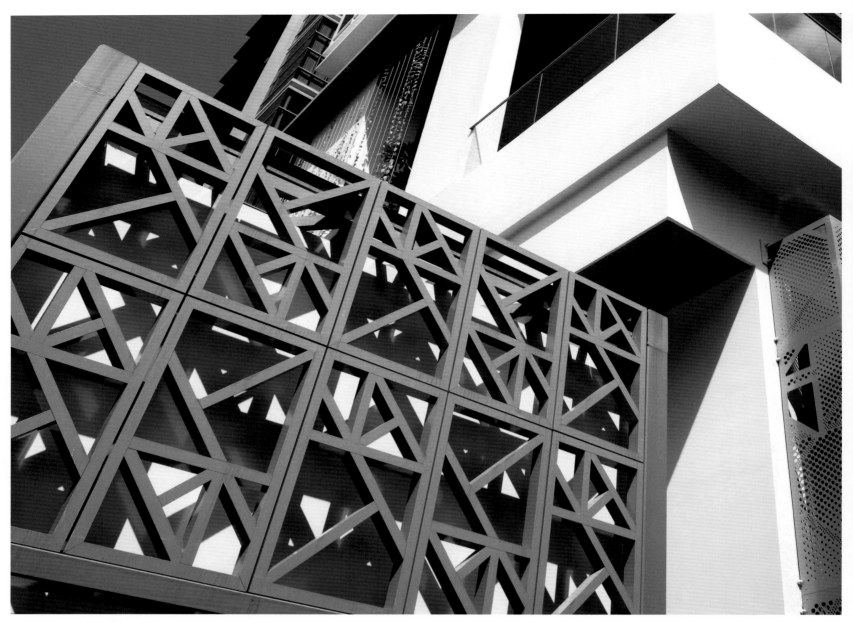

建筑

优美的弧线，修长的轮廓，这座坐落于河谷街的建筑，能够让路人一下子感受到它的存在。从宽敞的窗框，住户可以尽情享受外面的美景。简约典雅的设计加上适度的着重装饰，赋予建筑全方位的精致。设计师专门为建筑品牌设计了一个品牌符号，并运用到建筑立面的整体设计理念中，再加上光滑而又具有未来风格的立面设计，使其更加与众不同。

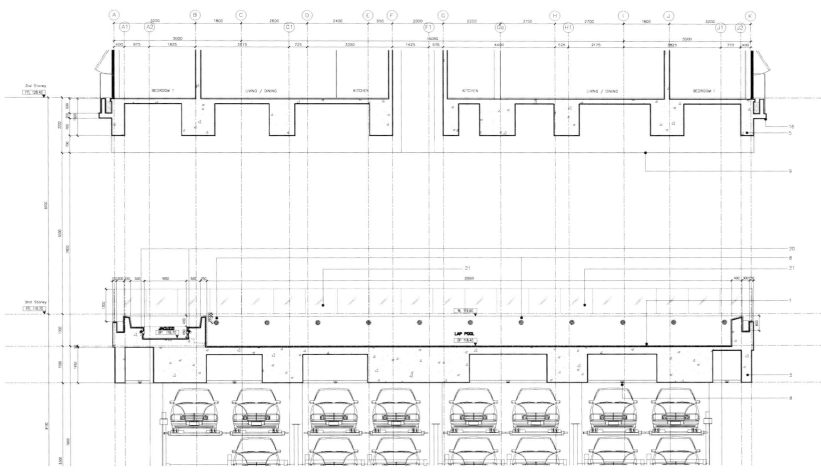

SWIMMING POOL — SECTION B — B

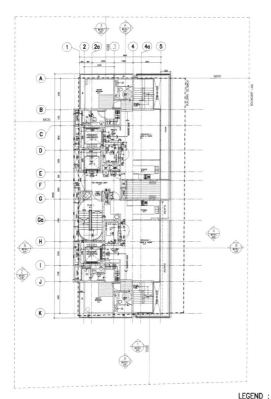

**LOWER PENTHOUSE STOREY PLAN
(15TH STOREY LEVEL)**

SCALE 1:100
OCCUPANT LOAD FOR THIS STOREY = __13__ PERSONS
NO. OF PERSONS PROVIDED WITH MEANS OF ESCAPE = __100__ PERSONS
FLOOR IS PROTECTED BY AUTOMATIC SPRINKLER AND FIRE ALARM SYSTEM

LEGEND :

HR	1 x 30 M IN LENGTH HYDRAULIC HOSEREEL
1/2HR	1/2HR FIRE RATED DOOR WITH PSB'S LABEL
1 HR	1HR FIRE RATED DOOR WITH PSB'S LABEL
H	2.5KG ABC DRY CHEMICAL POWDER FIRE EXTINGUISHER WITH PSB'S LABEL BA / 218)
EL	EMERGENCY LIGHT
EXIT	EXIT SIGN
EXIT	EXIT LIGHT
A/C	AIR CONDITIONING
N/V	NATURAL VENTILATION
M/V	MECHANICAL VENTILATION
- - -	HANDICAPPED ACCESS ROUTE

1.2 m X 1.2 m   MANEUVERING SPACE

1.5 m X 1.5 m   MANEUVERING SPACE

1.0 m Ø   MANEUVERING SPACE

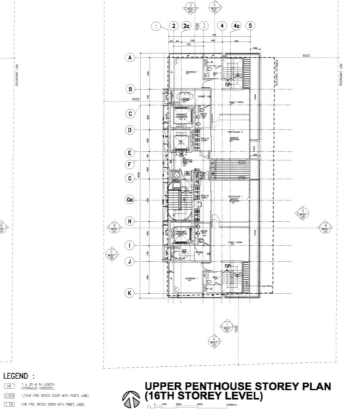

**UPPER PENTHOUSE STOREY PLAN
(16TH STOREY LEVEL)**

SCALE 1:100
OCCUPANT LOAD FOR THIS STOREY = __13__ PERSONS
NO. OF PERSONS PROVIDED WITH MEANS OF ESCAPE = __100__ PERSONS
FLOOR IS PROTECTED BY AUTOMATIC SPRINKLER AND FIRE ALARM SYSTEM

室内

该公寓专为现代家庭设计，其特点为每层两户，15 层和 16 层为空中豪宅。

设施

设计团队经过深思熟虑后，将直径 20 米并配有按摩浴缸的游泳池以及对外开放的健身房等公共设施设置在二楼。在有限的区域里，设计师专门安装了一个机械化停车系统，使乘客能在大厅的私人电梯口下车。

公寓设计：周余石（香港）有限公司
竣工时间：2011 年

项目地址：中国香港
场地规模：1 236 平方米

楼层数：42
开发商：丽新发展有限公司 + 景顺亚洲房地产

萃峰：全景豪宅

该公寓位于传统名校区，邻近港铁湾仔站，楼高177 米，为湾仔第一地标大宅，居高临下，饱览维港及跑马地景致。

设计突破

该项目遵循环保原则，并以此为特色，获得了香港环保建筑协会建筑环保评占法金奖。萃峰不单为湾仔区最高建筑物，其独特建筑设计，再配合全港唯一无边际水帘泳池以及日式水中花园，气派超然。项目可望见跑马地马场以及维多利亚港，碧海蓝天，尽在眼前，附设大量车位，同区罕有。全屋落地玻璃设计，尽览景观，一望无际。

商业突破

该项目地理位置优越，交通网络完善，紧贴都会脉搏，让住户可以享受到优质的生活。港铁沙中线的展开，以及会展第三期的落成，将令湾仔区更添活力，而萃峰当然亦将成为区内一颗耀眼明珠。另外，这里名校林立，书卷气满溢，学童可以得到更好的教育机会。整个项目共提供 130 个单位，其中包括 126 个标准单位及 4 个特色单位。

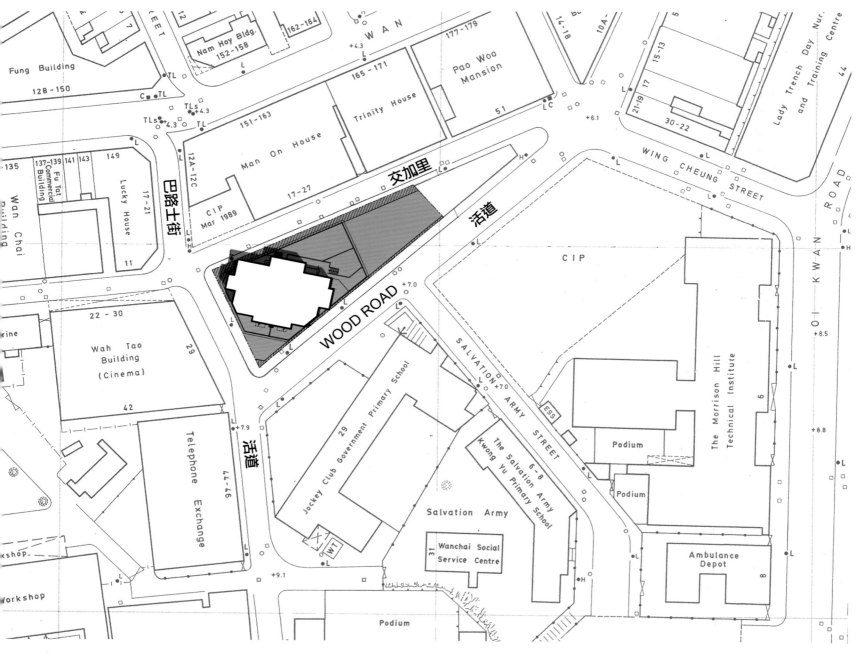

高層單位 high zone

低層單位 low zone

維多利亞港景觀
open view to harbour

摩利臣山景觀
open view to morrison hill

馬場景觀
open view to happy valley

建筑

基座外墙装设天然挂石、高级瓷砖、装饰灯、玻璃幕墙及铝质装饰组件。大厦外墙铺以高级瓷砖，37楼及以上另装有玻璃幕墙。窗台下位置及冷气机平台饰以铝质百叶装饰。顶层天面装有铝质顶部装饰及装饰灯。

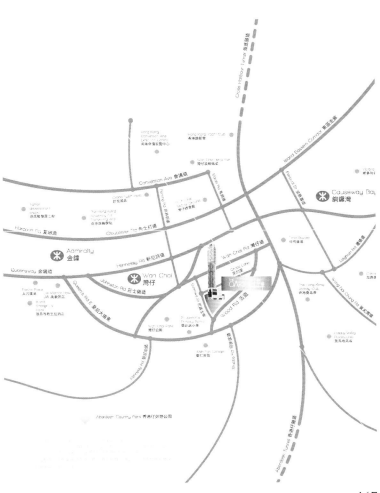

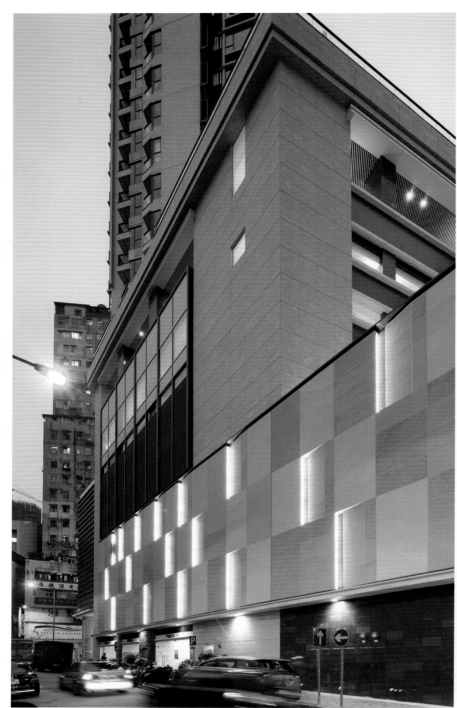

景观

住客会所及水中花园以日式园林设计为蓝本，无边设计的游泳池相连室内外，住户在游泳之时，可同时欣赏都市美景。

室内

萃峰的室内设计由著名设计师 George Dasic 设计，以环保作元素。各单位设计成户户向南，加上其巍峨高耸，傲视同区，所有单位均可尽览都市美景，享受舒适悠闲，每天回家，都犹如度假。

设施

该项目设有 2 层住客会所，以绿色为设计理念，设施包括无边际水帘泳池、水力按摩池、多用途宴会厅、健身室、烧烤场、休闲雅座等。

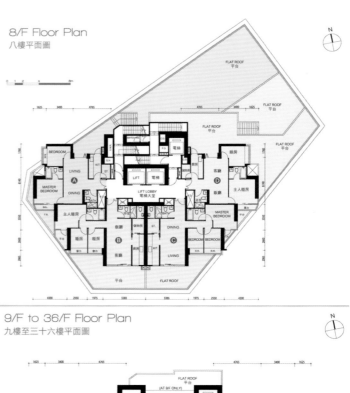

37/F Floor Plan
三十七樓平面圖

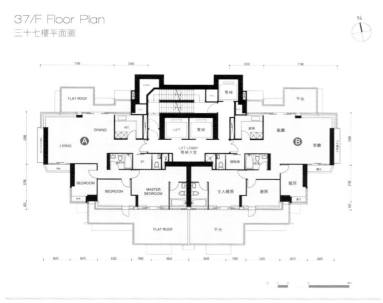

38/F to 56/F Floor Plan
三十八樓至五十六樓平面圖

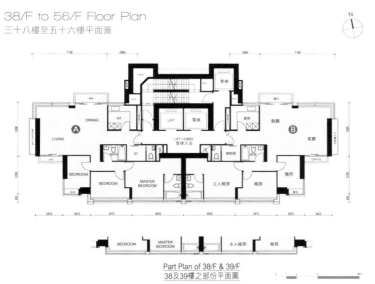

Part Plan of 38/F & 39/F
38及39樓之部份平面圖

公寓设计：Arquitectonica
竣工时间：2010 年

项目地址：香港九龙
场地规模：1 672.3 平方米

楼层数：33
开发商：永泰地产有限公司

懿荟：新一代豪华公寓

作为东九龙全新的时尚生活风向标，懿荟雅居将香港及启德发展区的迷人风光尽揽其下。它傲立群芳，为九龙乃至整个香港搭建起一座通往时尚生活的桥梁。三个垂直结构的使用满足了业主的不同的需求。这种设计既有利于群山、海港的眺望，也有利于同层私有空间的营造。另外，建筑体积的变化既有利于视野的控制，也有利于豪华型公寓的构建，从而促进精致城市生活空间的打造。

设计突破

该建筑外墙采用流线型装饰，亦有效将住宅楼层、停车场基座连成一体。停车场设于地面，方便一众车主外，更有效利用天然光线，达致环保。此外，车位比例亦高达 1 ：1.5。一梯两户设计，户户尊拥独立全海景电梯大堂，私隐度高。基于其富动感的外观及考究的规划，懿荟在提升当地现代生活品位的同时，也将跃然成为九龙乃至香港的全新地标。

商业突破

该项目位于九龙科发道 2 号，发展商以单幢精品打造，采取惜售策略。户型主攻逾 2 498 平方英尺的 4 房连套房间隔，目标客源为中产换楼家庭。单位客饭厅面积达 510 平方英尺，媲美一个小型单位，主人套房面积达 390 平方英尺，即使书房亦逾百平方英尺，活动空间充裕。

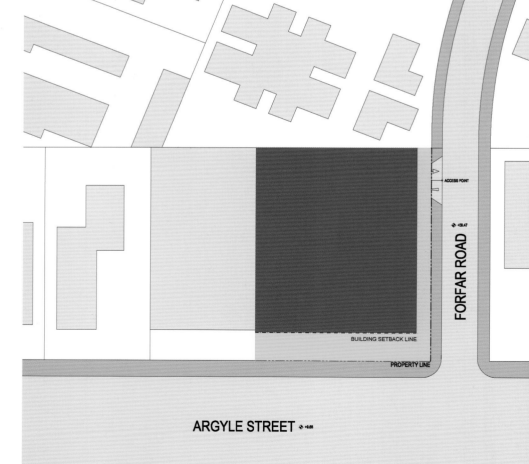

ACCESS POINT

FORFAR ROAD

+59.47

BUILDING SETBACK LINE

PROPERTY LINE

ARGYLE STREET +6.65

建筑

从外面看，建筑是由几个矩形结构组成的，而内部则由特殊的"缎带"结构装点修饰。这两项特殊的设计对其现代生活的内涵做出了完美的诠释。通过大面积地采用"缎带"这种独特的结构，该项目实现了整体一致性，从而迎合了现代生活的各种需求。这条"缎带"将三个釉面垂直结构及裙楼结构包裹起来，使它们连成一体。同时，它亦参与了负载剪力墙的重任。除此之外，它将业主的视线引至远处，传递出一种在自如自我的感官。倘若置身亚皆老街，远远望去，"缎带"将大厦紧紧的环成一体，使之与周围的景致相得益彰。

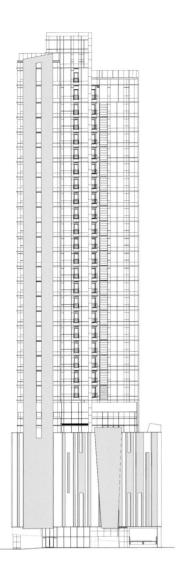

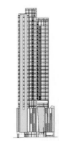

NORTH ELEVATION   1:200 in A1

1:800 in A1

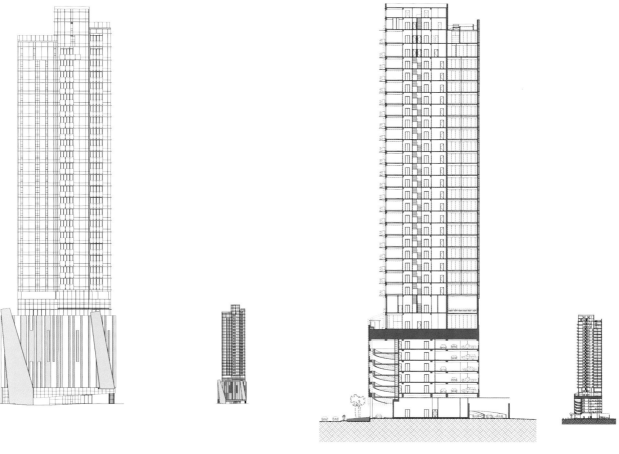

SOUTH ELEVATION 1:200 in A1   1:800 in A1   SECTION 1:200 in A1   1:800 in A1

设施

懿荟配备齐全，泳池、健身房、会所、多功能空间、儿童游乐区、私人停车场等设施应有尽有。

景观

此区自成一隅，环境尔雅优尚，林荫夹道，四处尽是园景及休憩空间。

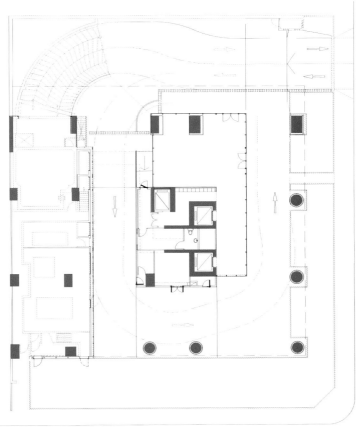

G/F plan   1:75 in A1

室内

高雅的大厅如同室外一般开阔而又明亮，给人一种十分舒适的感觉。各种会所及常驻设施位于裙楼的顶层，下面则有五层私人停车场。这种设计使得公寓要高于临近楼宇，故使得视野开阔异常。大厦共有 39 套豪华公寓，以及位于顶层的配有最先进设施的超豪华公寓，其面积分别为豪华公寓的两至三倍。在这里，业主可以一边享受私人天台花园以及无边泳池带来的豪华享受，一边眺望美丽的维多利亚港以及九龙群山。除此之外，私人电梯与天然采光大厅又造就了另一番独特的享受。

公寓设计: RTKL Associates Inc.
竣工时间: 2010 年

项目地址: 波多黎各圣胡安
场地规模: 27 871 平方米

楼层数: 19
开发商: Interlink

Cosmopolitan:
水滨豪宅

该项目从属于一期工程。塔楼包括 62 套标准联排别墅和顶层公寓。RTKL 设计组在设计中有选择地融入了地方文化和传统,并从全球视野加以深化。

设计突破

空间是建筑的主体,而水元素在建筑空间营造中扮演着重要角色——创造空间意境,提升空间品质,维持空间连续性。该项目便以"水"为贯穿元素,处处水脉,叠泉奔涌,湖域广阔,客户推窗即呼吸最新鲜湿润的氧气,坐在阳台就可静观潺潺清流,真正达到了"依水而居,拥抱自然"的境界。

商业突破

这个高档的房产项目,引导并推动了一度非常繁盛的米拉马尔城区的发展,重塑了波多黎各高端奢华市场的市场标准。为了整合所有规划和建筑设计,确定目标市场,明确设计目标,RTKL 还提供了项目品牌服务,包括命名、Logo 设计以及品牌应用等,从而打造出一个与众不同的品牌社区,构建了一个时尚温馨的家园。

185

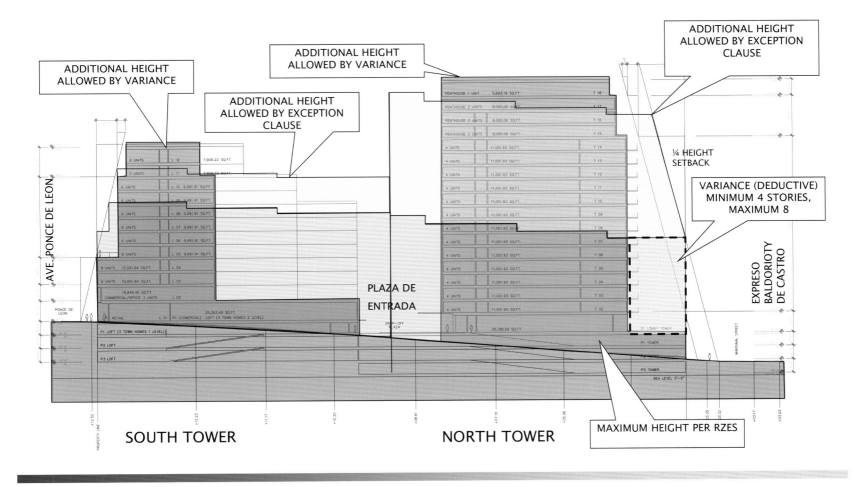

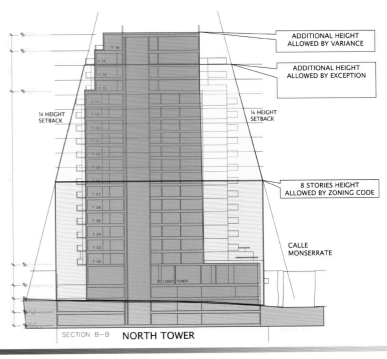

建筑

为了利用自然光和开放区，当地要求的连续剪力墙，被剪力墙核心体和边柱代替。防风百叶则专门采用了高耐冲玻璃。

景观

住户可以坐享无边戏水池，在阳光甲板上 180 度观赏 Condado Lagoo 美景。水，是整个项目循环贯穿的景观元素。

设施

为了确保无他人进出和业主安全，电梯由业主所在层数限制，每个业主只能从车库到达所住层。内部员工从工作走廊和单独的电梯到达洗衣房和工作区。

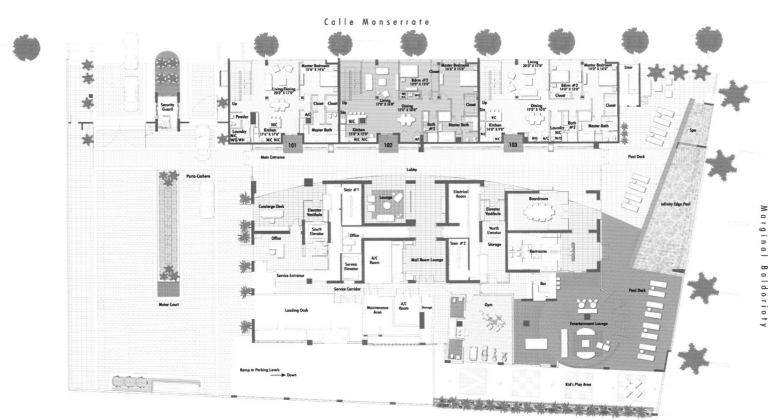

Calle Monserrate

Marginal Baldorioty

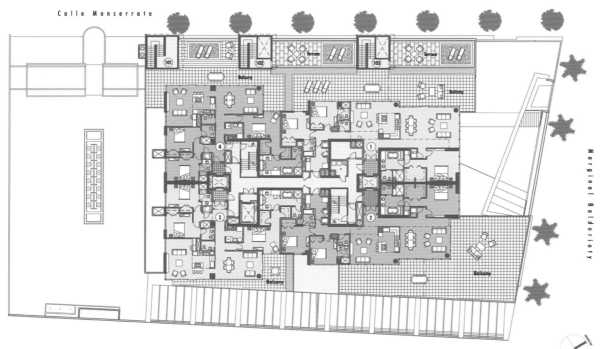

室内

每个单元中，客人娱乐和接待区都与住宅区以及休闲餐饮区完全隔开。厨房采用了时尚的博德宝橱柜。阳台或露台可利用起来举行家庭聚会或正式的娱乐活动。

公寓设计：P&T Group
竣工时间：2011 年

项目地址：中国澳门
场地规模：20 400 平方米

楼层数：34
开发商：世纪豪园（国际）发展有限公司

大潭山壹号：独享优越地利

座落于金光大道末端、居高临下的大潭山壹号豪华府邸，由此可尽览路凼城繁华璀璨景色，各个主要景点和交通枢纽近在咫尺，为住客带来无限便利。

设计突破

整个豪宅项目，依山而建，翠绿环抱，让住客沉醉于山间的鸟语和花香，享受尊贵的度假感觉，而特别设计的观光电梯，更令璀璨华丽的金光大道景致被尽收眼底。建筑采用的色彩充满大都会时代感，设计豪华不失实用。由于发展商对质量的要求相当高，所以弃用常见和传统的物料，而采用具视觉效果、能带出丰富感觉的高质素物料。

商业突破

大潭山壹号是金光大道上唯一的住宅项目，位处半山。随着国际级赌场及酒店陆续开幕，澳门已踏入经济起飞的盛世时代。澳门的楼市亦随着澳门经济迅速增长，楼价会进一步提升，豪宅的需求也最为殷切，单位景观面向金光大道的楼盘非常抢手。大潭山壹号，集合天时、地利，其升值潜力无可估量。

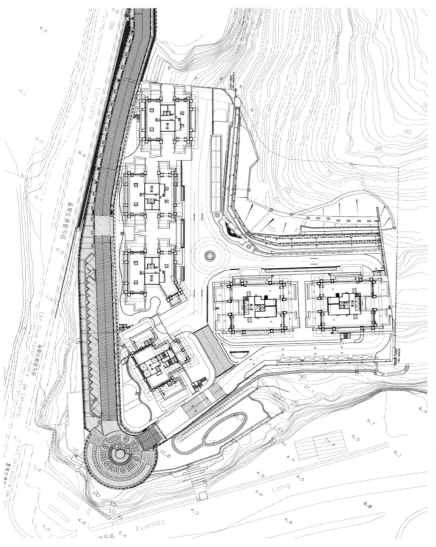

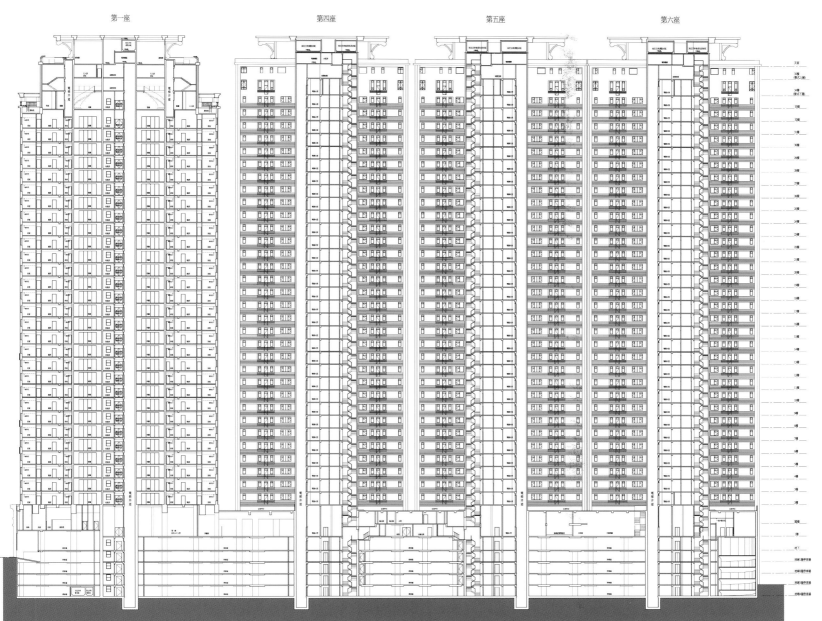

第一座　　　　第四座　　　　第五座　　　　第六座

设施

各大楼的入口大堂均直达平台花园，并且与主入口和豪华住客会所连接。裙楼以天然石块作装饰，既与周围的环境浑然一体，又为住客会所带来优雅脱俗的自然气色。会所内设有琳琅满目的设施，包括健身室、室内网球场、壁球场、游泳池以及多用途宴会厅等。而停车库也设于裙楼之内，方便住客使用。

景观

该项目的会所区域设有流水雕饰、池畔日光台等景观设施。

建筑

该建筑,立面上采用干挂法,是少有的采用云石外墙设计的豪华高层住宅。

室内

气派非凡的大潭山壹号由六幢 32 层至 34 层高塔楼组成,将提供 856 个豪华住宅单位,面积由 130 平方米至 610 平方米不等。每幢顶层为复式单位,其中一座更罕有地以三层复式设计。

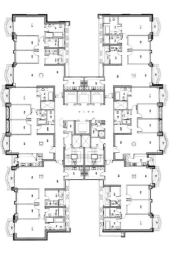

公寓设计：Archgroup International, Dubai, UAE
竣工时间：2011 年

项目地址：迪拜
场地规模：14 544 平方米

楼层数：49
开发商：喜达屋酒店集团

格罗夫纳酒店公寓：
断级双子塔

这个享誉盛名的五星级酒店及酒店公寓项目，分为两个阶段完成。第一个阶段是于 2006 年，由 Ashok Korgaonkar 设计完成。而屡获殊荣的二期工程，是一座 49 层的塔楼，与一期一同构成了双子塔。该项目最终于 2011 年全部完工。

设计突破

楼与楼之间的首层区域，拥有大量的软硬景观和完整的水体系。如此精心的设计，为住户和游客创造出一种舒适而放松的氛围。建筑前方的露天式泳池平台，配备了花园，营造出一种完美的度假胜地感觉，并满足了迪拜市对绿色建筑的评估标准。健身俱乐部、餐厅、游泳池、屋顶主题餐厅酒吧，配套完善，增加了人们的生活体验。

商业突破

酒店和服务式公寓的结合，是该项目的一大特色。双子塔的第一栋，设置了 217 个服务式公寓单位。每套公寓均配备最高标准的设施，从每间客房都能饱览的迷人城市及海湾景致。第二栋拥有 32 个公寓楼层，4 个平台楼层，3 个服务楼层。每套公寓的布局都经过精心设计，宽敞舒适，力求为宾客提供舒适便捷的生活空间。

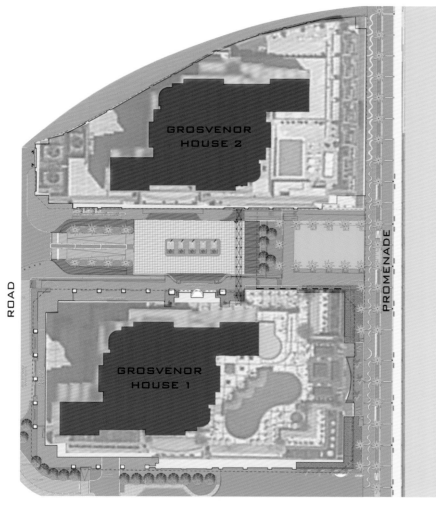

景观

双子塔之间的首层区域，景观丰富。水体、精心布局的软景观和硬景观，一同营造出的高雅气氛。屋顶平台设有游泳池及景观花园，为酒店公寓增添一丝度假胜地的感觉，并达到了迪拜政府对绿色建筑设计的要求，起到了环保节能的效果。

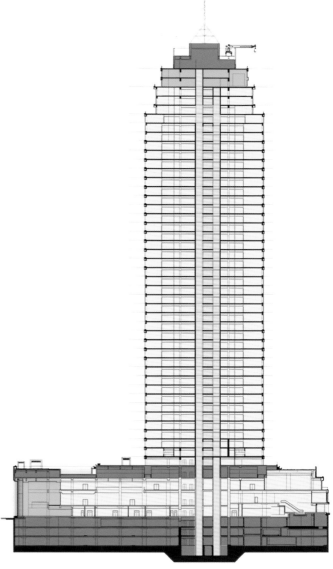

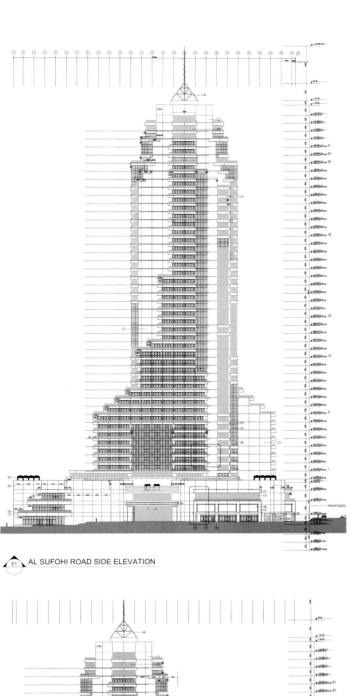

E1 AL SUFOHI ROAD SIDE ELEVATION

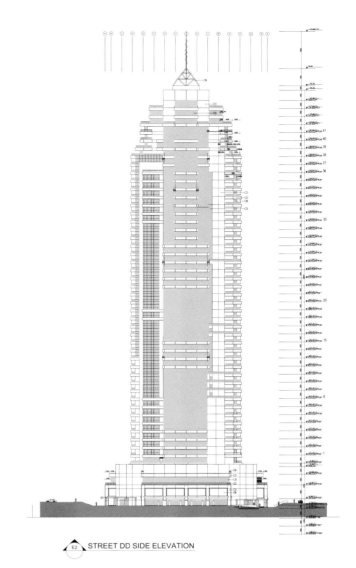

E2 STREET DD SIDE ELEVATION

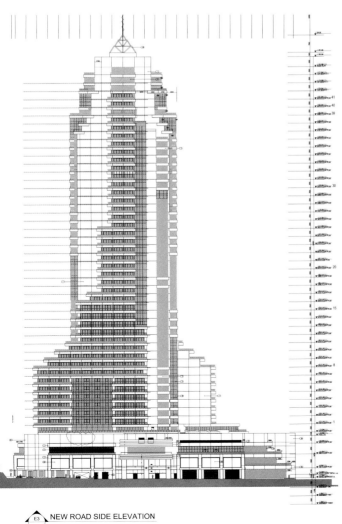

E3 NEW ROAD SIDE ELEVATION

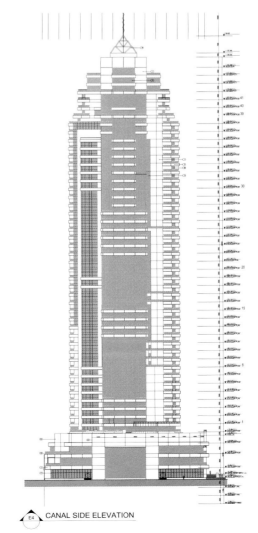

E4 CANAL SIDE ELEVATION

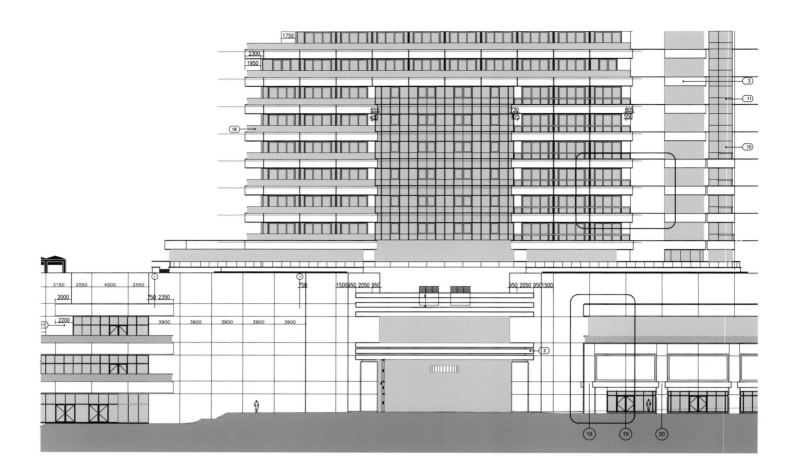

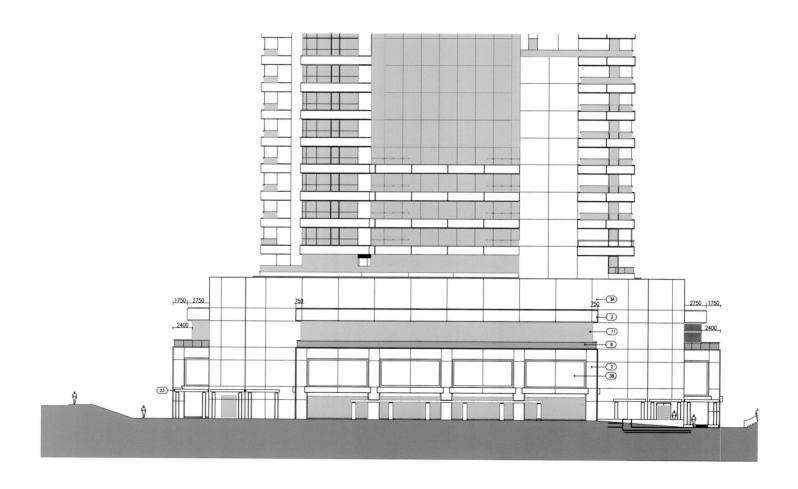

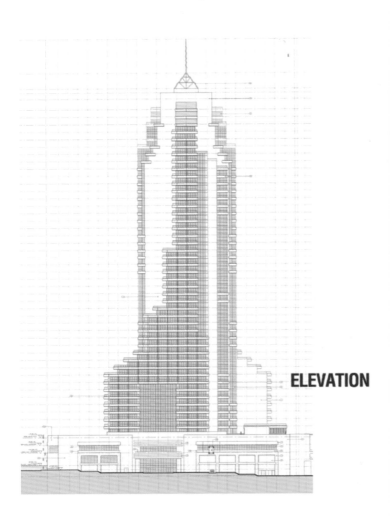

ELEVATION

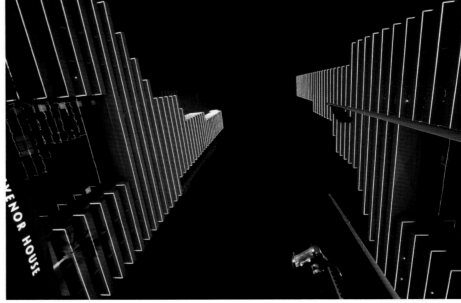

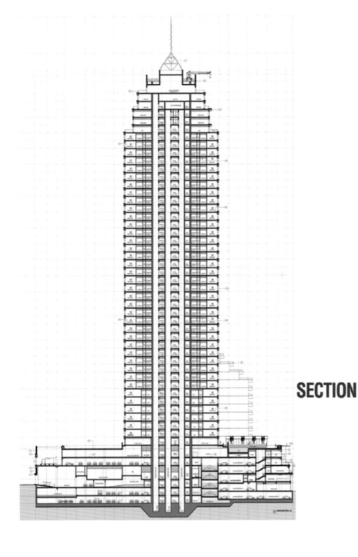

SECTION

建筑

延续了艾美酒店"奢华地标"的时尚理念，该项目不失为迪拜最亮丽的风景线代表。尽管内部功能各异、平台层富有变化，两栋塔楼还是和谐合一。

设施

第一座塔楼内设施齐备，拥有高档餐厅、商务中心、宴会大厅及国际知名的佛陀酒吧；第二座塔楼内的设施包括一家健身俱乐部、餐厅、游泳池和屋顶主题酒吧。地下及首层的餐厅，一致延伸至步道。而不规则的露台，也为就餐增添了不少情趣。

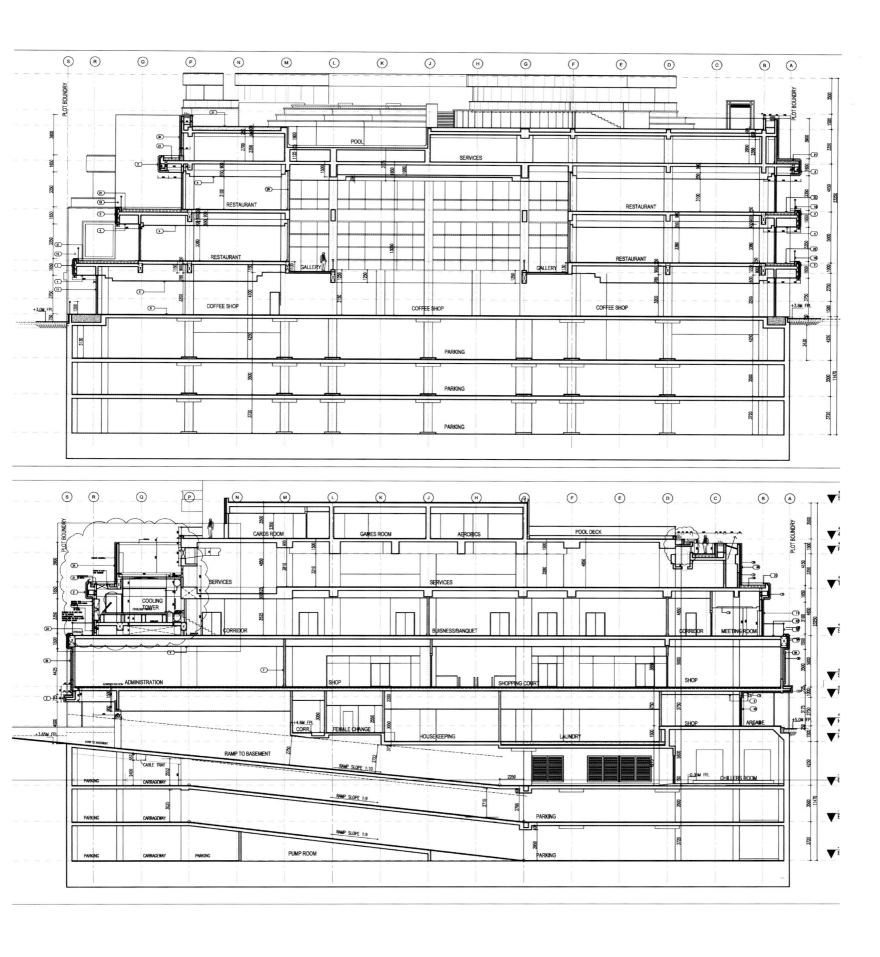

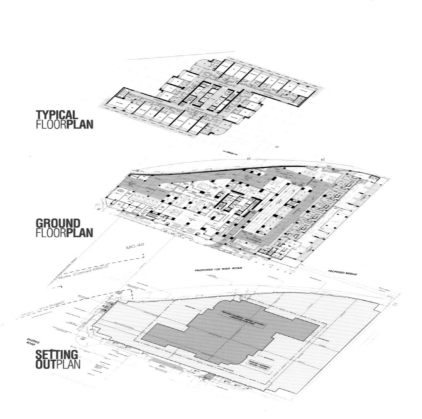

TYPICAL
FLOORPLAN

GROUND
FLOORPLAN

SETTING
OUTPLAN

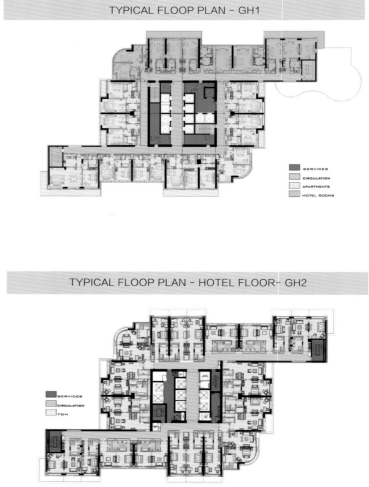

TYPICAL FLOOP PLAN – GH1

SERVICES
CIRCULATION
APARTMENTS
HOTEL ROOMS

TYPICAL FLOOP PLAN – HOTEL FLOOR– GH2

SERVICES
CIRCULATION
FOH

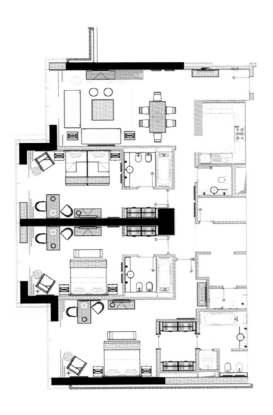

室内

第一座塔楼拥有 217 间客房和 217 间服务性公寓；第二座塔楼包括 6 套豪华别墅，42 间标间，64 间套房和 216 间酒店式公寓。

公寓设计：Architectenbureau Marlies Rohmer
竣工时间：2008 年

项目地址：荷兰乌特勒支
场地规模：18 600 平方米

楼层数：16
开发商：乌德勒支大学

Casa Confetti, Uithouf Utrecht NL Colourful Honeycomb：多彩的蜂巢

这个学生公寓的建成，宣布了整个乌特勒支大学校园的完善，同时缓解了城市年轻人口的长期住房紧缺问题。项目内包括了 380 个或独立或组合的公寓单位。作为 OMA 主计划（还包括 Unnik 大厦和教育中心）的一部分，这个建筑设置了 4 层楼高的"水泥腿"，为一系列的公共及商业区域提供了遮挡。

设计突破

这座学生公寓是由旧的海运集装箱改建而成，它外部充满现代感，室内光线充足，并自带浴室和厨房。此栋建筑的设计将屋体提离地面，为草坪和学生们的单车停放留出了足够的空间，阴凉的空地很适合闲逛。这栋九层宿舍建筑的一侧设有一面荷兰第二高的攀岩墙。富有特色的大回环和内置躺椅形成了极具像素化效果的景色。

商业突破

为了缓和乌特勒支城里的年轻人住房紧张的问题，这种高密度住宅便由此诞生了。谁说高密度住宅就不能充满乐趣？加拿大摇滚传奇人物戈登．莱特福曾经说过"你身边的环境会在你身上留下痕迹。"他的一句话总结出了我们身边既存环境的重要性。忍受鞋盒盘大小的，感觉更像是单人牢房一般的宿舍成为了学生们枯燥乏味的宿舍生活的必经之苦，而这栋建筑则恰恰为年轻人们打破了这个固桎。

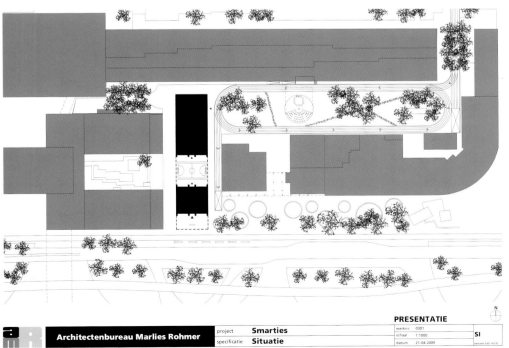

景观

该项目的设置，与原有的区域和开发空间，形成了鲜明的对比。原有的景观效果也因此得到了强化。功能的多样化和互动性的加强，使得该区域摆脱了城市沙漠的感觉。

PRESENTATIE		
Architectenbureau Marlies Rohmer	project **Smarties**	werknr. 0301
		schaal 1:1000 **SI**
	specificatie **Situatie**	datum 21-04-2009

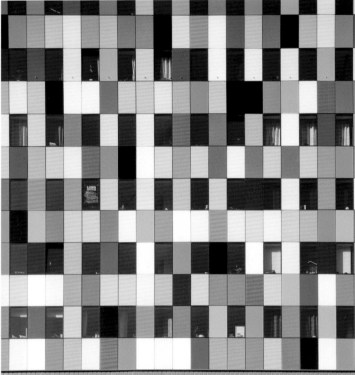

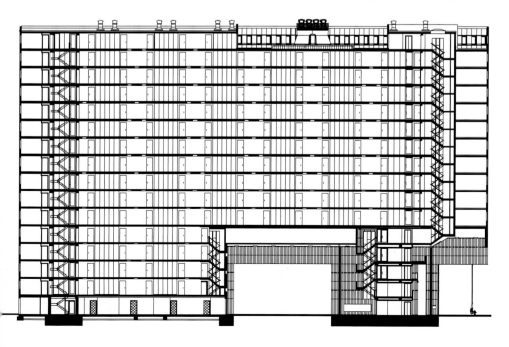

建筑

建筑立面包括了网格状的多彩铝板。窗体被略去。从远处看去，立面呈现灰色的鳞状。从近处观察，更像是彩色的蜂巢。对于年轻的学生，这里就是汇集五湖四海聪明人的"大蜂巢"。学生公寓单位之间的非承重界墙是可以被移除的。这样的设计确保了未来建筑空间的灵活运用，也体现了项目的可持续性。

室内

生动的建筑表皮之后，是高度互动的空间。集体宿舍沿着楼梯和走廊安置，共同构成了一个年轻人的小宇宙。

设施

通过建筑的两翼及中间的入口，可以便捷地到达建筑底部的自行车棚。

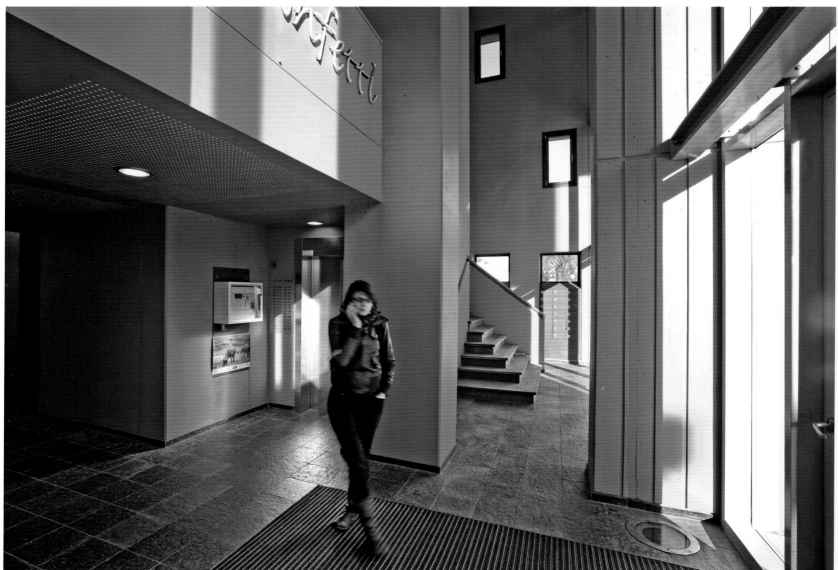

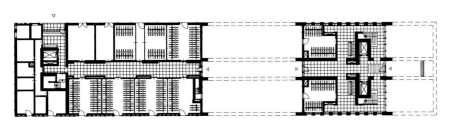

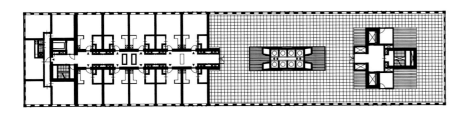

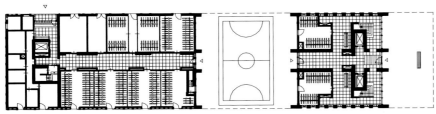

FLEXIBILITEIT

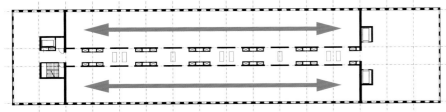

公寓设计：Urban Platform
竣工时间：2011 年

项目地址：比利时布鲁塞尔
场地规模：3 800 平方米

楼层数：7
开发商：Mixed Economy Company - SDRB/BPI

Midi-Suède：回应不同的建筑尺度

该项目共 7 层，包括了 30 个公寓单位，在可持续性和被动性方面堪称经典。在节能方面，它比参照建筑耗能减少了 85%。整个 Midi 小区，都因为它的加入，更具活力。

设计突破

弓形窗的运用，是该项目的一大特点。窗体沿着立面折叠和延续，不但赋予了建筑立体感，还有效保证了各个公寓单位的采光和视野。木质纤维和絮状短纤维的材料运用，结合遮阳板和木结构的设置，达到了绝缘隔热的功效。因此，该项目还获得了节能典范的称号，和 2012 年 MIPIM 颁发的最佳公寓项目的奖项。

商业突破

每一个成熟的地产样式，都是在一个特定的环境里，由多种元素混合而成的。该项目位于 Fonsny 大道，毗邻布鲁塞尔三个主要国际火车站之一的中央车站及中央大道，地理优越，闹中取静。它不露痕迹地与周围的环境及简洁的建筑群融合，并丰富了业已成熟的街区。在节能方面的引领作用，同样也成为了该公寓的卖点。

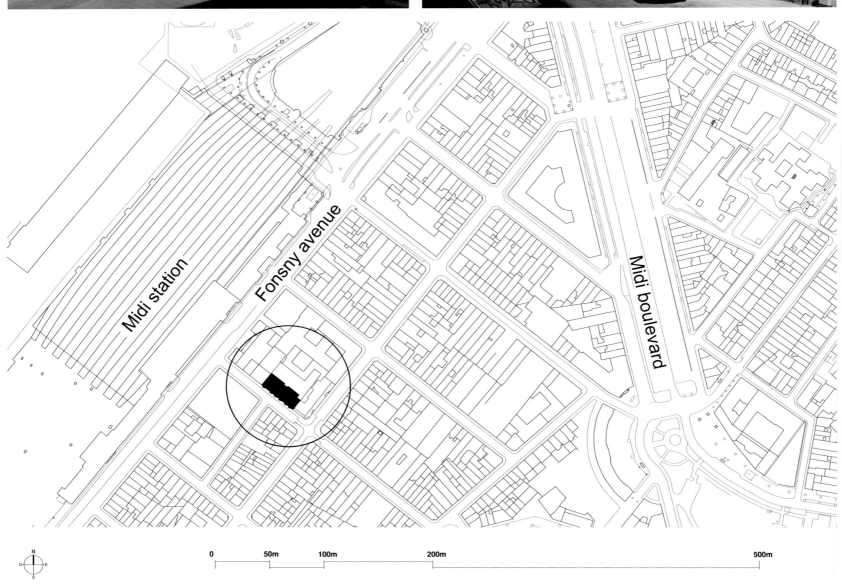

Midi station

Fonsny avenue

Midi boulevard

0   50m   100m   200m   500m

South-West elevation

0   2   10m

建筑

立面的连贯性，使得该项目独具动感，在形式上完美连接了周围不同类型和外观的建筑，在设计上找到了城市的现代感和历史底蕴融汇点。通过不规则的廊道外形，演绎了经典的弓形窗，有别于平齐的传统立面。

North-Est elevation

0   2   10m

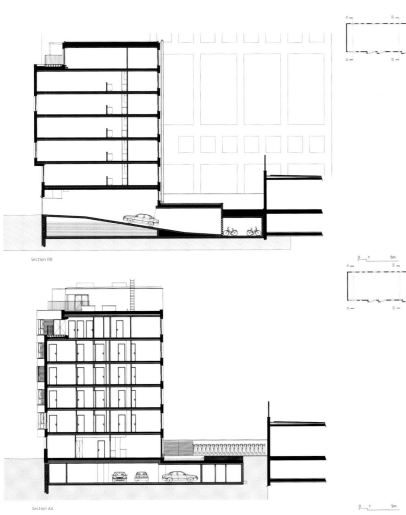

Section BB

Section AA

景观

建筑的后部设置了一个大型绿地庭院。在后院选择合适的草皮，是非常头疼的事情。地理位置如何，采光如何，后期维护如何，方方面面都需要考虑周全。尽管如此，设计团队最终还是确定了符合环境要求的景观设计。

设施

基于安全考虑，设计团队设置了一个通往平台的楼梯。白天，这里是一个享受日光浴的好地方。另外，在建筑的底层，还特意设置了停车区域。

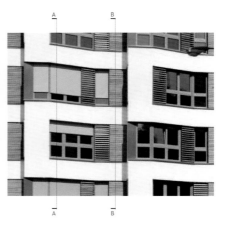

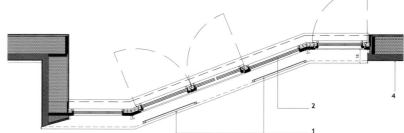

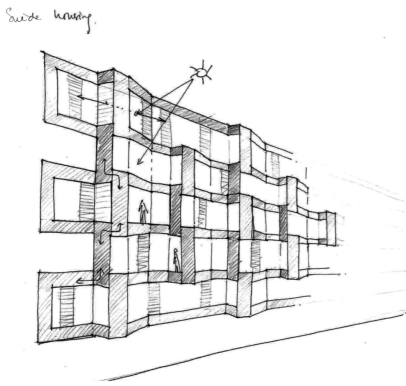

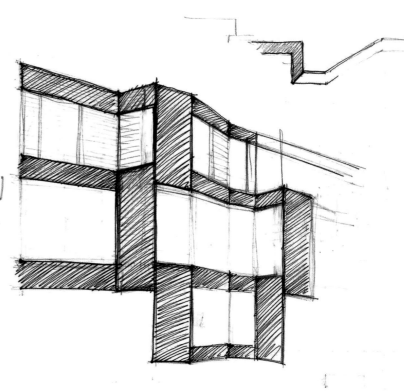

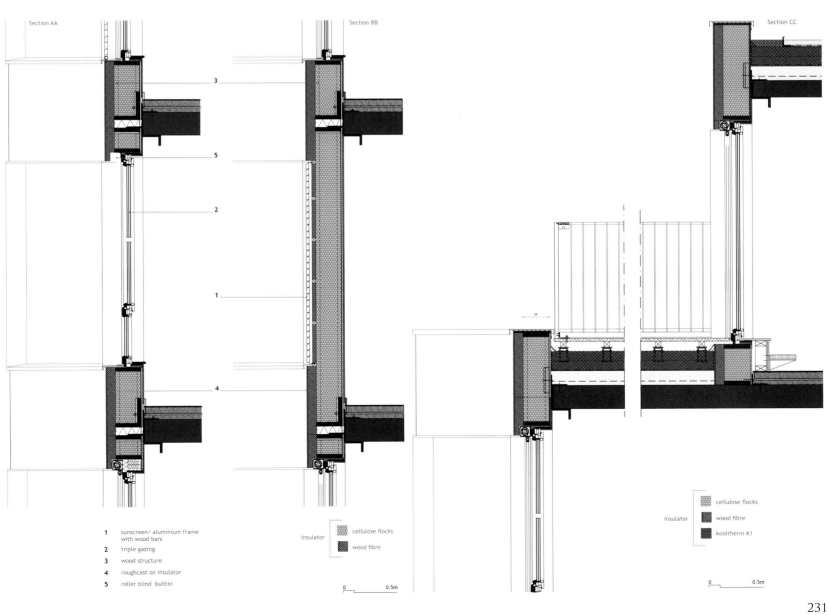

Section AA   Section BB   Section CC

1   sunscreen/ aluminium frame
     with wood bars

2   triple gazing

3   wood structure

4   roughcast on insulator

5   roller blind builtin

insulator
- cellulose flocks
- wood fibre

insulator
- cellulose flocks
- wood fibre
- kooltherm K1

0   0.5m

0   0.5m

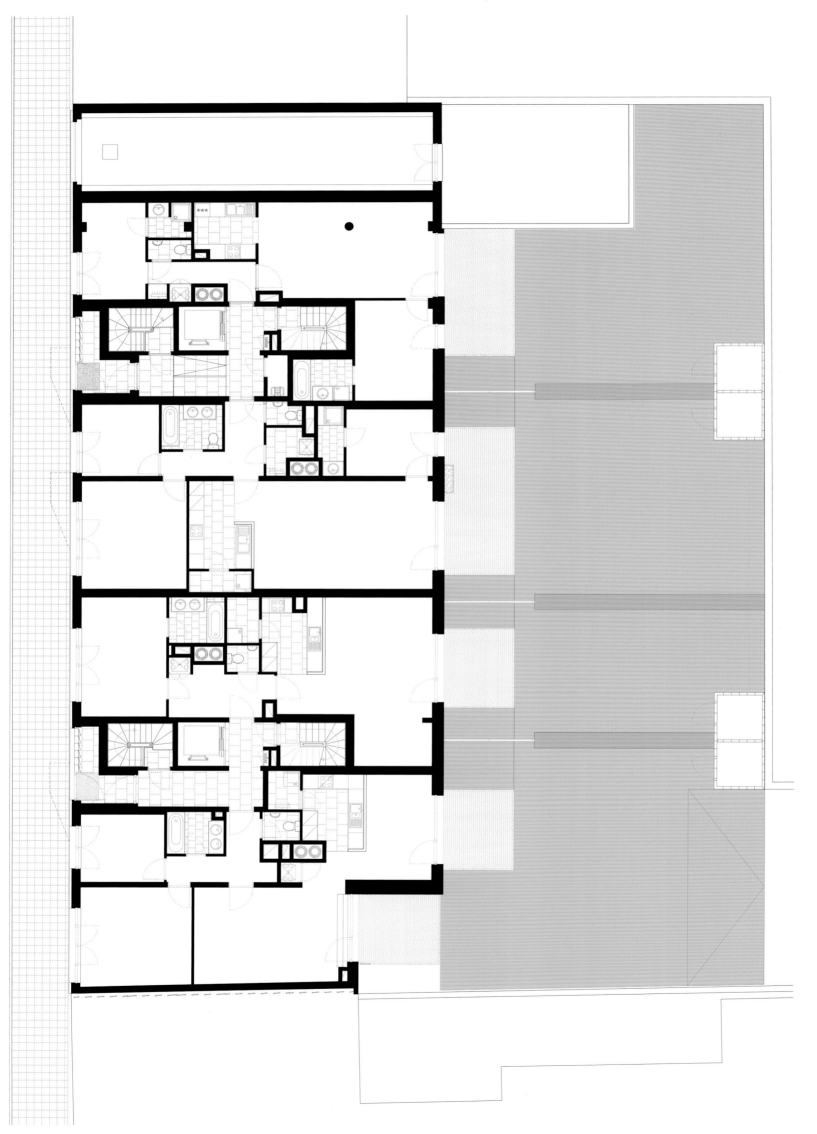

232

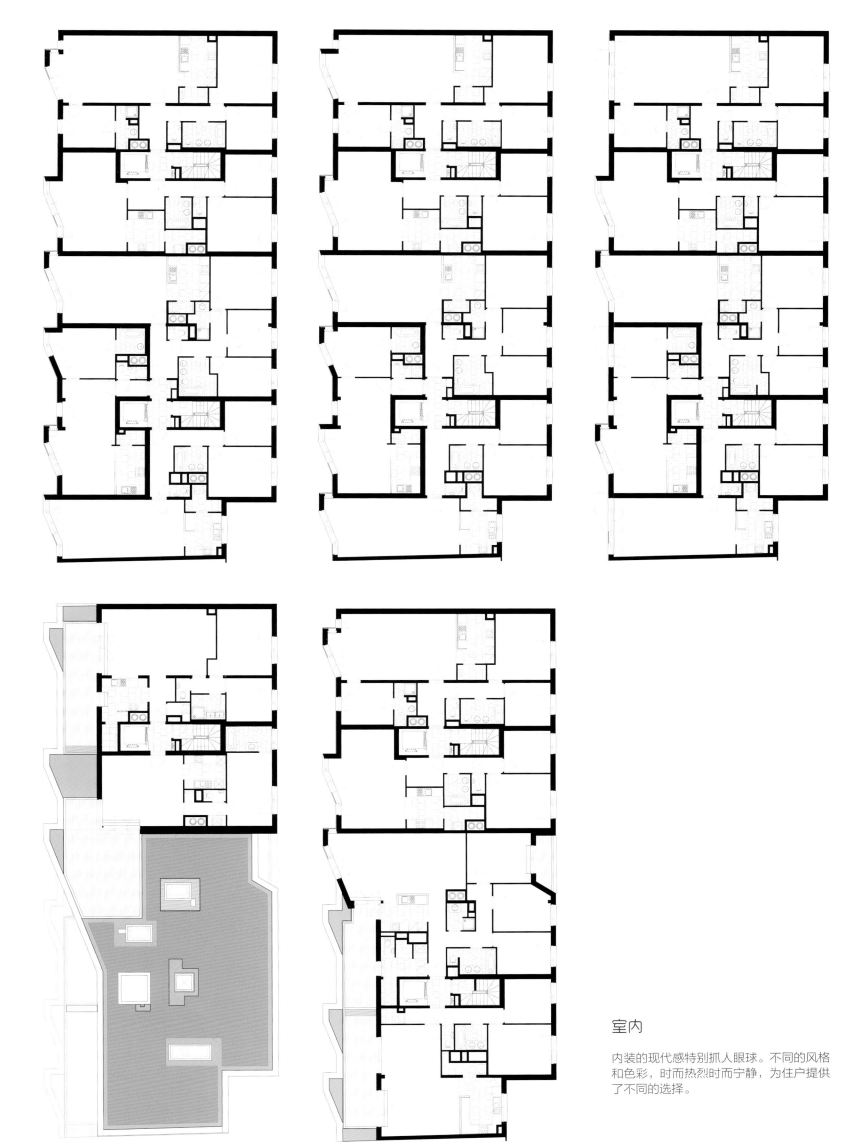

室内

内装的现代感特别抓人眼球。不同的风格和色彩，时而热烈时而宁静，为住户提供了不同的选择。

公寓设计：SPEECH Tchoban & Kuznetsov
竣工时间：2011 年

项目地址：俄罗斯莫斯科
场地规模：40 000 平方米

楼层数：6
开发商：MSR Company

格鲁尼沃尔德公寓综合体：差异组合

该项目完全符合全球建筑和环境质量标准，这在俄罗斯市场上是史无前例的。该公寓是田园式乡村生活与欧洲舒适的城市生活的完美结合。受邀请实施该项目的 AB

Ostozhenka 和 Sergey Choban 制定了项目总体规划，并邀请数家建筑公司分别设计该项目的一部分。最终选择了德国的 Assmann

Salomon 以及俄罗斯的 Ostozhenka、Project Meganom 和 SPEECH Tchoban & Kuznetsov 三家机构。四个团队分别设计了四种不同类型的公寓，并为每个公寓都命了名。

设计突破

该项目由四个建筑设计事务所共同完成，其中两个本土公司，两个德国公司。也就是说，四种截然不同的建筑风格，在同一地块汇集，保持差异性的同时，又要完美融合，展现整体特色。特殊的地理环境和周围的建筑文脉，赋予了建筑不同的造型和立面。而建筑群落间的绿化带，将它们一个个有机串联，加强了它们之间的联系。

商业突破

通过结合周边物业，该项目成为了公寓住房郊区化的杰出代表。不同的建筑结构和商业布局，为住户提供了多样选择，全方位满足居住者的高品质生活需求。另外，各个建筑突出的可识别性，也是该项目的一大亮点。空间及材质的机智运用，景观和绿化的穿插连贯，共同打造出平和而安逸的居住环境。

景观

在一片 4 公顷的土地上有 13 栋公寓，一直延伸到绿荫中心，形成了一道美丽的风景，同时，该林荫大道也为住户提供了一个公共的娱乐场所。根据 Nps Tchoban Voss 和 Ostozhenka 的设计蓝图，该项目的内部由柱座包围，内部设有停车场。

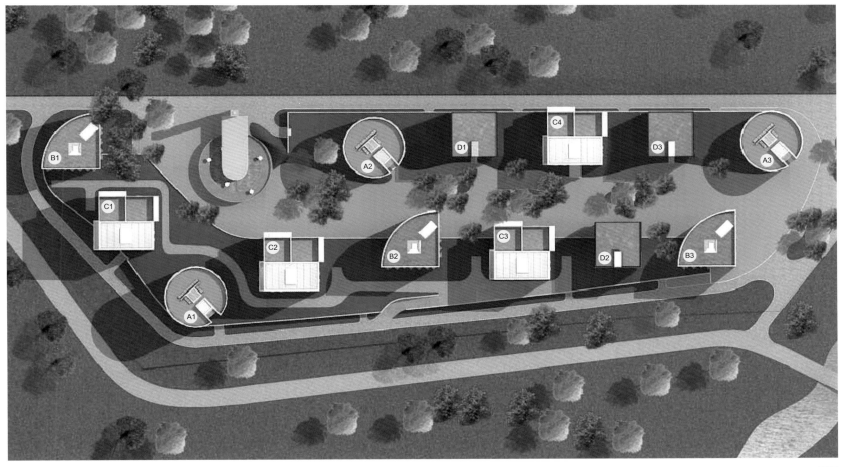

План на отметке -7.000

Разрез А-А.

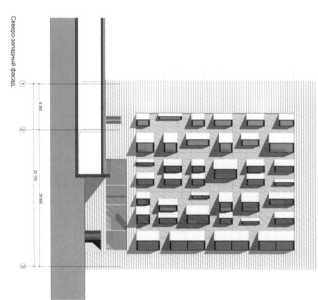

План на отметке -3.650

Северо-западный фасад.

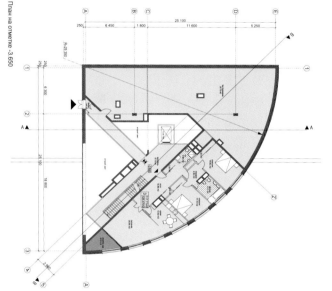

Жилой комплекс в Заречье. Корпус В.

План типового этажа

Юго-западный фасад.

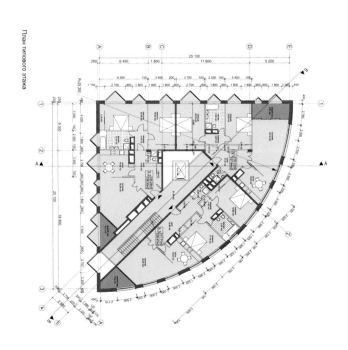

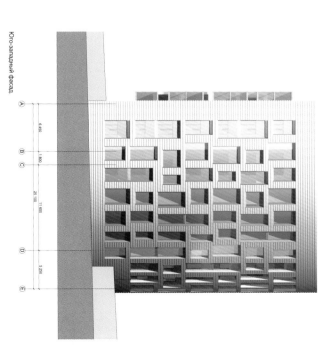

239

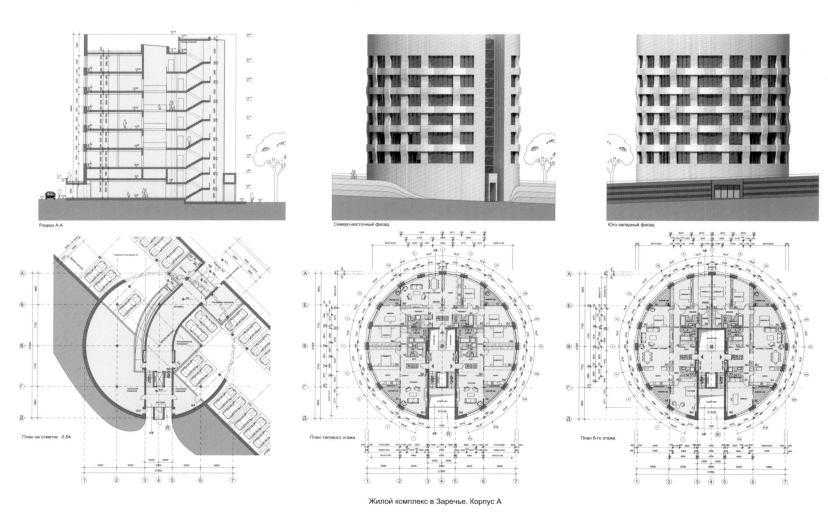

Разрез А-А

Северо-восточный фасад

Юго-западный фасад

План на отметке -5.84

План типового этажа.

План 6-го этажа.

Жилой комплекс в Заречье. Корпус А

建筑

Cubus 公寓外形硬朗，内部单位户型方正，位于角落的户型拥有向外伸出的角窗。Project Meganom 设计的 Veil 公寓建筑立面的几何形状类似于面纱，正是因为其引人瞩目的建筑立面，才使该设计方案脱颖而出。该公寓被铜绿色带有穿孔花型的蜂窝状金属外壳所包围。该建筑表皮可以作为第二个建筑立面，使公寓免受过度噪音和太阳照射的影响。Sector 公寓（由 Ostozhenka 设计）的外形结构呈扇形，非常独特。按照专家的要求，建筑师设法将建筑设在一个既定的模式里，以确保公寓的舒适度。由 SPEECH Choban 和 Kuznetsov 设计的 Waltz 公寓拥有完美的圆形布局，就设计的舒适度而言，该公寓的设计被证明是最复杂的。建筑师专门设计该形式，以便使城市规划的总体效果更加丰富多彩。缠绕的带状天然石材，包裹着规则的窗体，构成了 Waltz 的雕塑式立面。

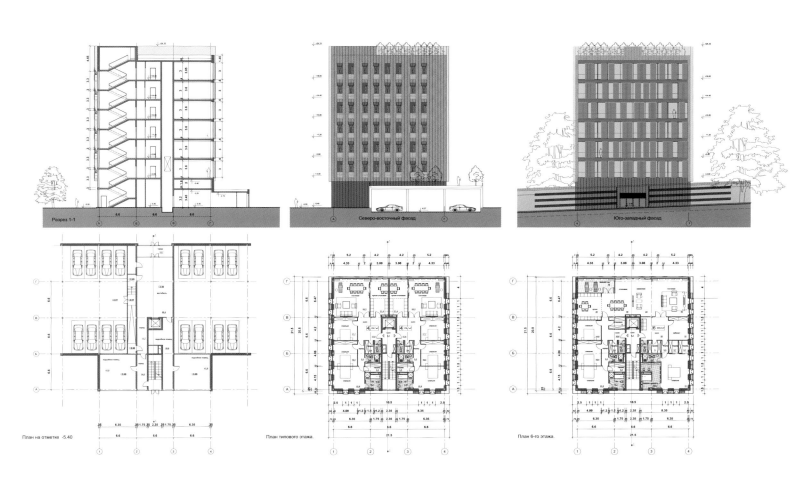

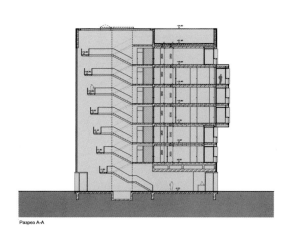
Разрез А-А

Северо-восточный фасад

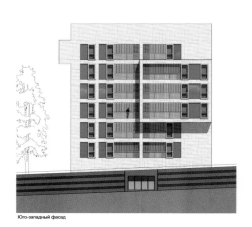
Юго-западный фасад

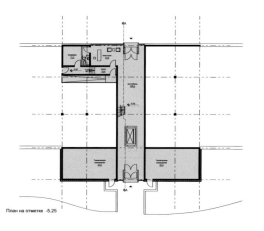
План на отметке -5.25

План 3-го этажа.

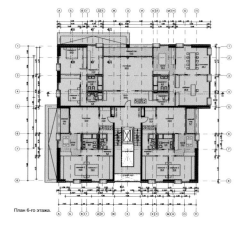
План 6-го этажа.

Жилой комплекс в Заречье. Корпус С

室内

室内设计确保了其高度的舒适性。

设施

林荫大道被一个紧凑的圆柱形健身中心所包围。为了彰显城市规划的特点及其功能的个性化，建筑外立面由彩色玻璃构成。

公寓设计：Tony Owen
竣工时间：2011 年

项目地址：美国波士顿
场地规模：21 527 平方米

楼层数：8（另有地下 2 层）
开发商：波士顿大学

波士顿大学学生公寓：巧妙的裂缝

这个新的学生公寓位于摄政街 15-25，独特的裂纹设计，最大化了室内自然采光，同时加强了整栋建筑的通风效果。

设计突破

该项目采用了独特的裂缝设计，打破了常规。裂缝处的窗体，呈长菱形，从而诠释一个大胆的立面，并且最大化了能效。到了夜晚，这些窗户被多变的灯光照亮，构成了独特的风景。窗户的朝向，有利于对采光的捕捉，同时也避免了公寓单位之间私隐的泄露。裂缝的端墙设有一系列百叶窗，中间还有一个天井。空气通过裂缝渗入，功能上与鱼鳃有异曲同工之妙。

商业突破

公寓的加入，打破了陈旧的城市格局。众所周知，摄政街保留了大量的历史建筑。古老的街道似乎缺乏了现代生机。该建筑的立面正好弥补了这一缺失。它为整个地块带来了年轻人的活力。建筑裂缝处设置的楼梯，将行人引向了地下的影院和阶梯教室区域。这不但从装饰效果上丰富了街道，也从功能上丰富了社区。

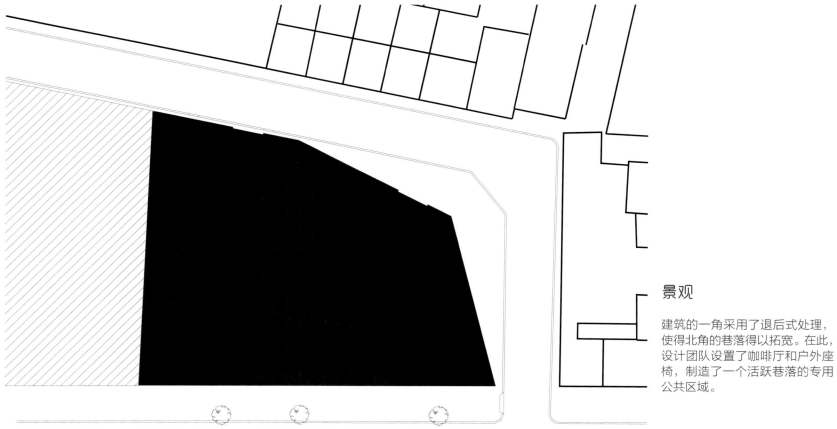

景观

建筑的一角采用了退后式处理，使得北角的巷落得以拓宽。在此，设计团队设置了咖啡厅和户外座椅，制造了一个活跃巷落的专用公共区域。

SITE PLAN

建筑

建筑立面加入了一个巨大的峡谷式狭缝，使得阳光和空气可以渗透到公寓的深处。面向东方的百叶窗，也为室内导入了新鲜的空气，有效降低了室内的温度。到了夜晚，狭缝被灯光点亮。程序化的灯光，变换着色彩，形成了迷人的灯光景观。中央的天井区域，被安装了一个名为"流动"的灯光设备。

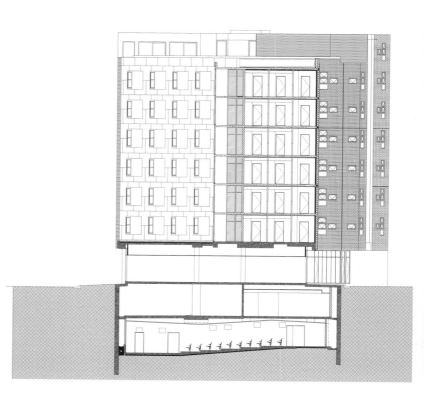

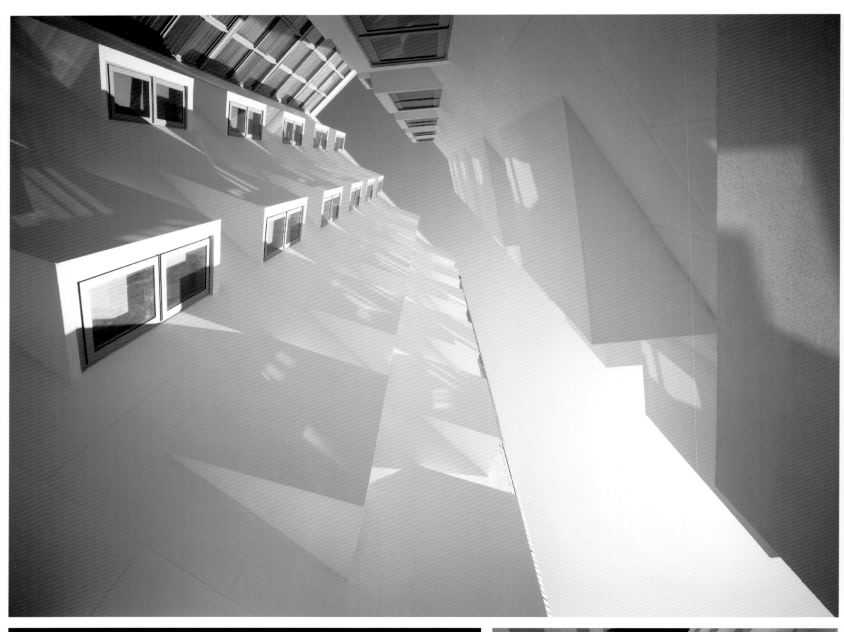

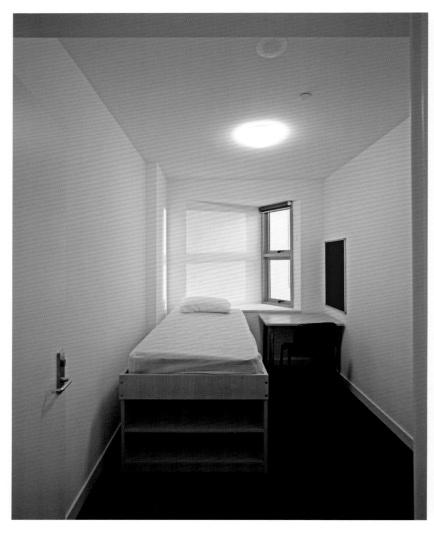

室内

这栋节能公寓是专为海外留学生而设。它包括了 164 个床位和一个管理员宿舍。每个独特的体块内都包括了 4 间独立的卧室，它们共享一个客厅和浴室。

设施

这里还设置了三间阶梯教室、一个图书馆、一个网络休闲室、一个拥有观景木台的屋顶平台和一个毗邻的、包括咖啡厅的全设备公共厨房。

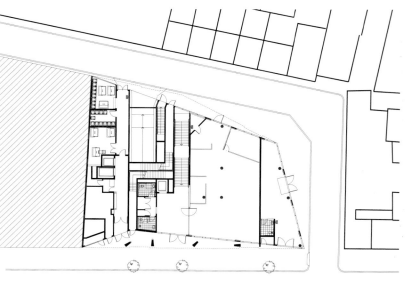

GROUND FLOOR PLAN

公寓设计：Inbo（Tako Postma 和 Wilco van Oosten）
竣工时间：2012 年

项目地址：荷兰阿尔默勒
场地规模：6 000 平方米

楼层数：9
开发商：Ymere Ontwikkeling

Van Eesterenplein：黑白相间

该项目可以视作阿尔默勒 Bouwmeesterbuurt
的中心。它包括新建的建筑、两栋原有柱廊式公
寓的改造及被楼宇环绕的广场。

设计突破

建筑以围合式的姿态，环抱着广场。
一面面向河水，与葱郁的植被为邻。
黑白相间的条纹，围绕着窗体，勾勒
出每个单位的外形，丰富了视觉效果。
阳台被巧妙地安排，起到了装饰效果，
增添了立面的立体感，也最大化了采
光，为住户带来了新鲜的空气。这样
极具个性的建筑，无疑为整个区域注
入了活力。

商业突破

这个拥有 42 个住户的老年公寓，以
其优越的地理位置，与众不同的外形，
齐全的功能设备，为整个区域带来了
现代气息。专业的医疗、保健、餐旅
服务，让住户可以尽享便捷和舒适。
开发商在已建的社区内专辟这个老年
公寓小社区，让老年人共享社区内已
有的公共设施，并加入了其他各种功
能的老年设施等。

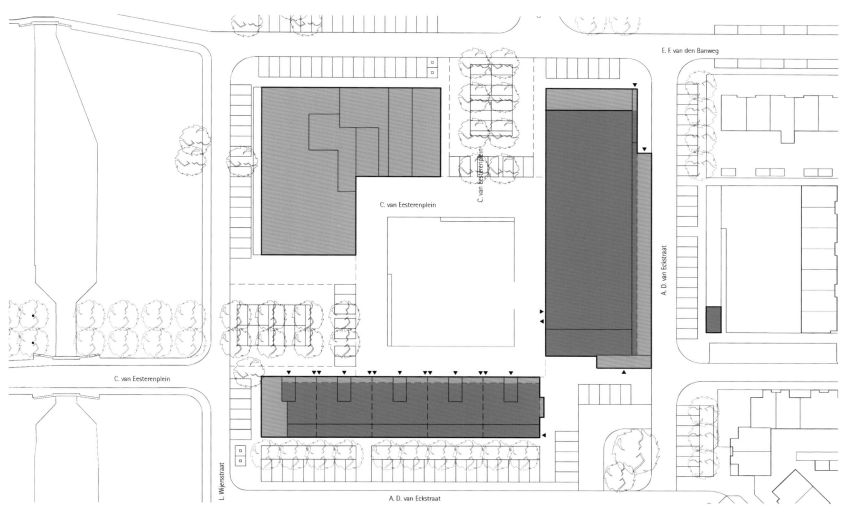

景观

跟三栋建筑相伴的是充满活力的小区广场。广场本身经过了改造，并加入了 Roosengaarde 工作室设计交互式灯光设备。

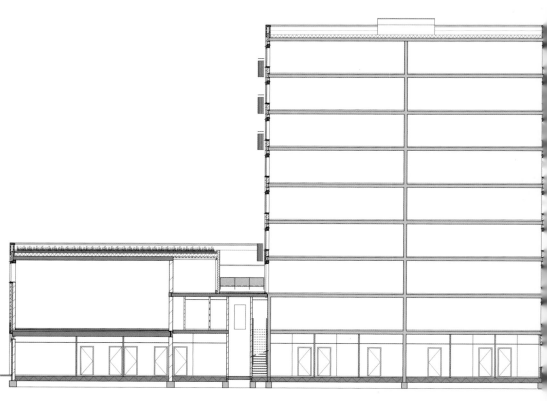

建筑

覆盖白漆的三个石制立面，与周围亮色调的区域完美融合。同时，基座区域商铺的深色框架和里面边缘，为整个项目增添了亮点——让公寓楼成为了整个小区的备受瞩目的中心。

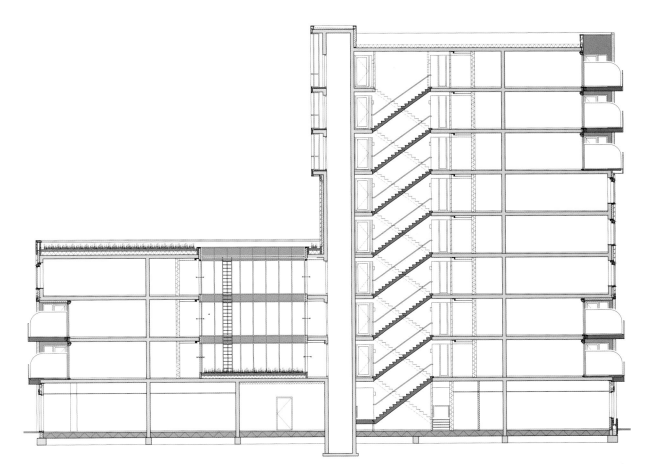

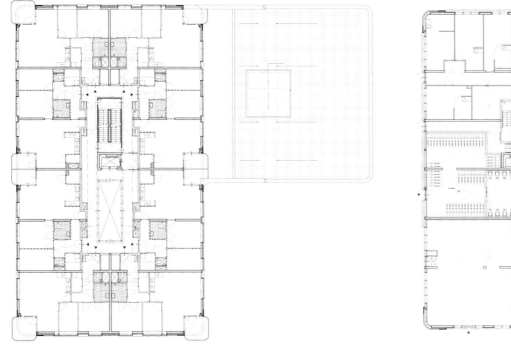

室内

这个公寓楼为 42 个老年家庭提供了舒适的生活空间。

设施

两个门柱式公寓及商铺位于建筑的基座部位。设计团队对它们做了全面翻新。而新的建筑的基座部分，则提供了健身房、医疗保健服务及餐旅服务设施。

公寓设计：The Architekten Cie + AWG Architects
竣工时间：2009 年

项目地址：荷兰阿姆斯特丹
场地规模：90 000 平方米

楼 层 数：30
开 发 商：Private

Amsterdam Symphony：
多种砖材的组合

该项目可以称得上泽伊达斯最吸引人的地方：在贝尔拉格的密涅瓦轴尽头，你会发现许多由泽伊达斯最顶尖著名建筑师设计的别具特色的活动场所。两座塔楼在阿姆斯特丹南侧中轴都有一个独立的砖制建筑立面。建筑内同时混合了生活、工作和娱乐等多种功能。

设计突破

在设计上，该项目特别设置了地板供暖及制冷系统，大大提高了住户的生活舒适度。供暖、制冷及暖水系统被 LTES（相变储热）系统串联在一起。该系统具有储热密度高、储热放热近似等温、过程易控制的特点，是有效利用新能源利节能的重要途径。于是，能源使用效率得以提高，建筑能耗也被大大降低。

商业突破

该项目所在区域的自然环境得天独厚，绿地葱郁，天蓝水清。加上周围成熟的商业设施和公共景观，住户可以尽享国际化的生活和工作环境。另外，该区域的交通也十分便利，各种公共交通工具应有尽有，方便住户出行。建筑内停车系统的完备，也大大鼓励了人们乘坐交通工具，环保节能。

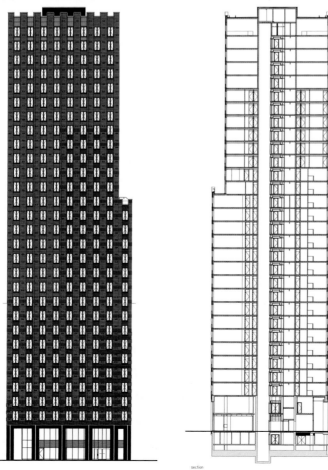

facade north

section

建筑

项目立面包括了不同的砖材，色彩夺目，立体感十足。而两栋式结构的组合，也通过精挑细选的立面材料和图案组合，得以强调。公寓大楼的窗体要比办公大楼的宽两倍。巨大的玻璃表面突出了建筑的城市感。一系列的立面图案遮盖住网格，赋予了建筑精致的表皮，从而丰富了整个地块。

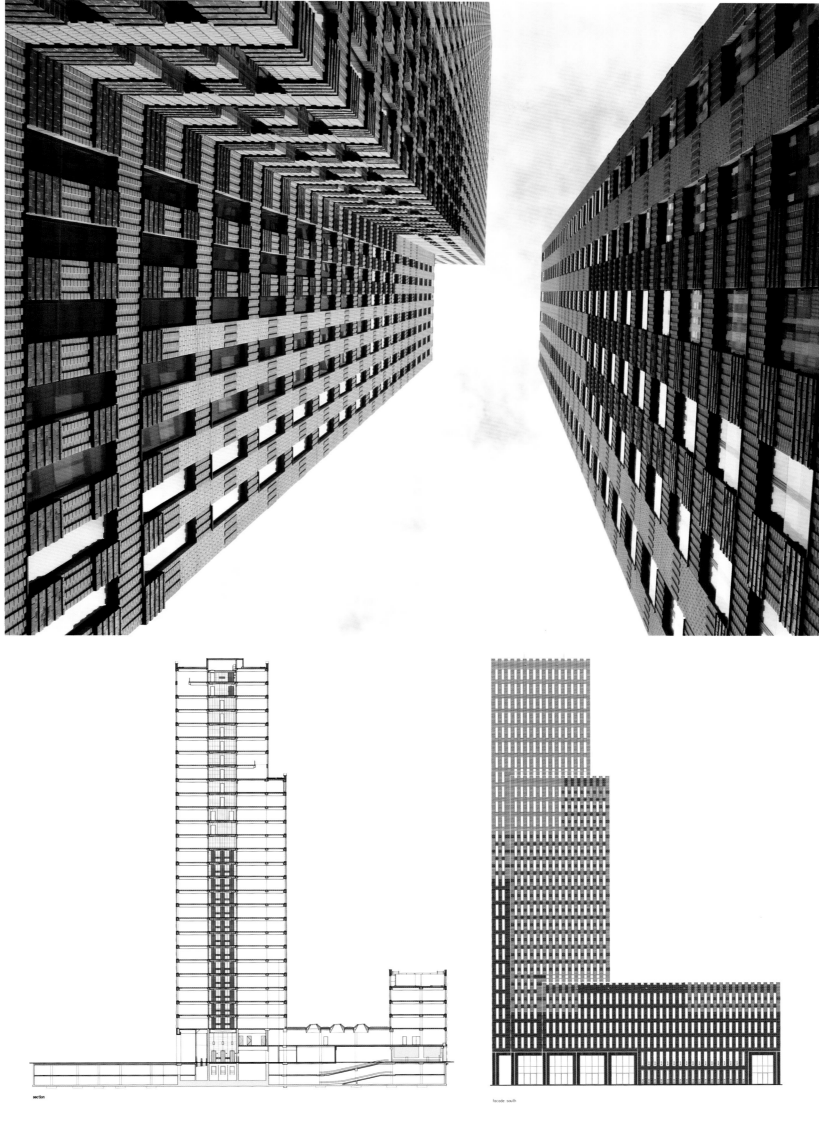

section

facade south

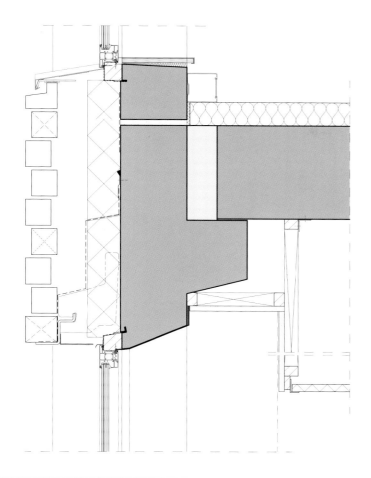

设施

建筑高质多功能，内部通道便捷。项目内部除了公寓，还包括 200 间客房的酒店、餐厅、德伊森贝赫财务学校、办公空间等。这些功能都共享地下层的停车场。

景观

住户可尽享街景，在绿地广场、城市花园和小型公园晨练或漫步。

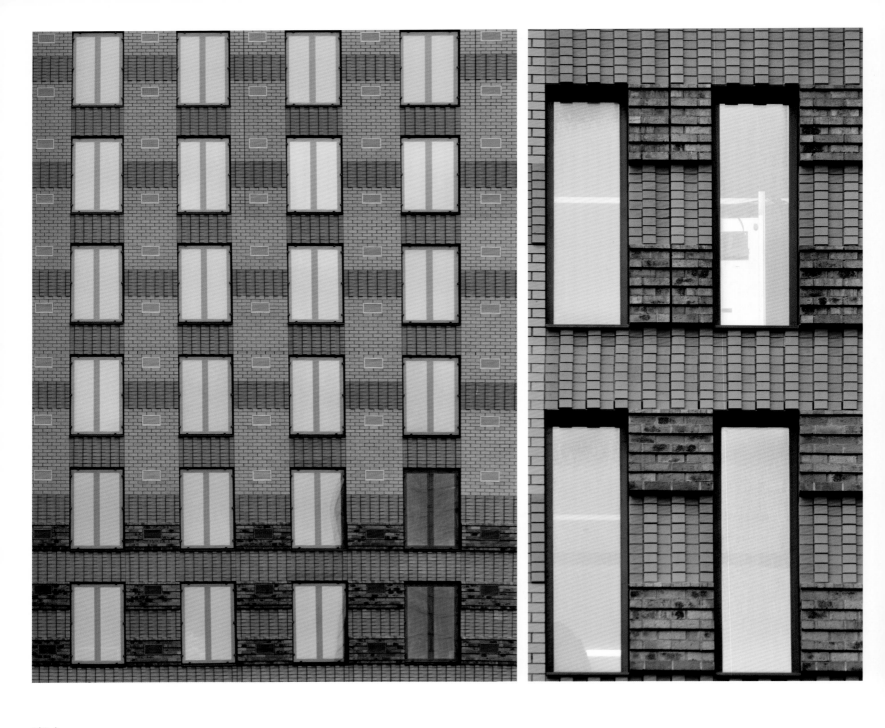

室内

项目内拥有 12 种不同类型的公寓，它们全部使用了高大的天花板，与楼层同高的法式门和一个镶入式储藏空间。另外，每个公寓单位下层的车库区域里都有专门配置一个分离式储物空间。

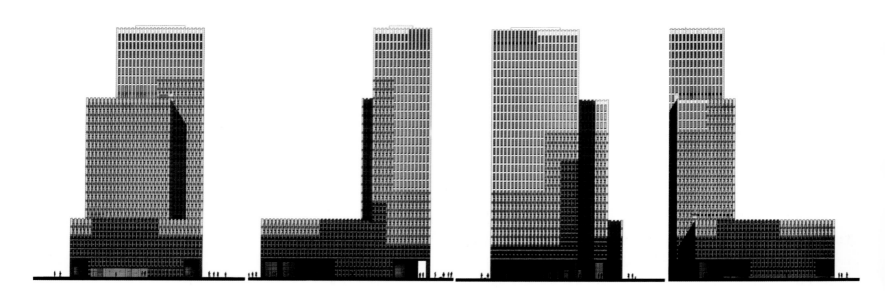

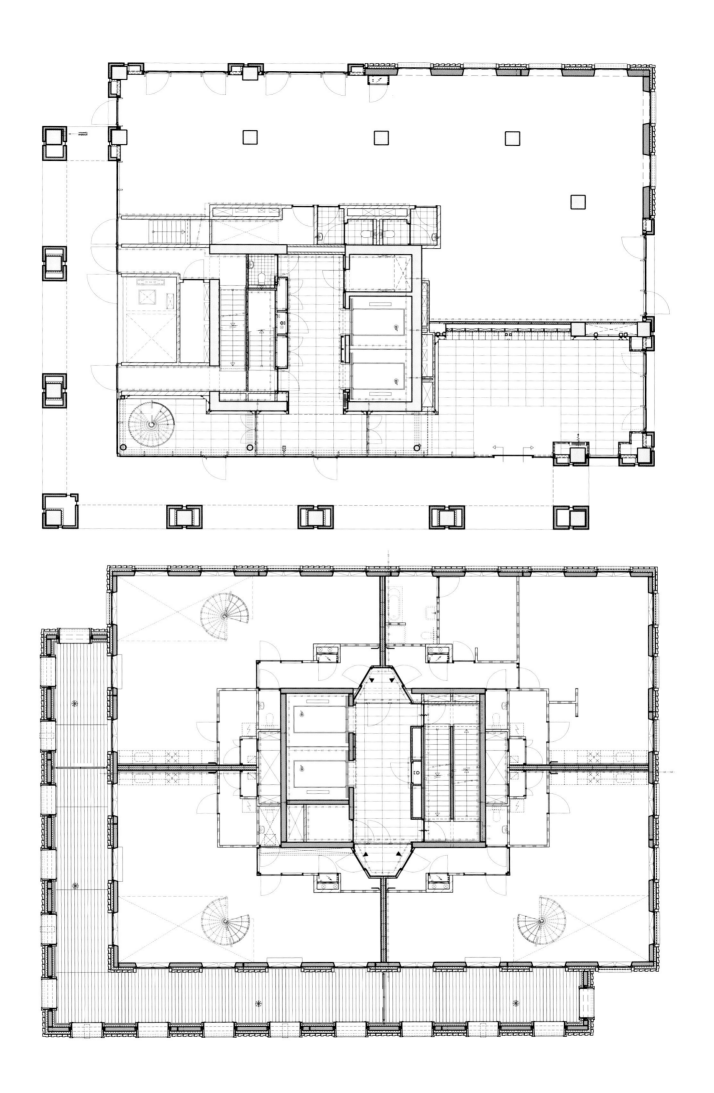

17th floor

公寓设计：Andersson-Wise Architects
竣工时间：2010 年

项目地址：美国德克萨斯州
场地规模：100 335 平方米

楼层数：37
开发商：W 酒店集团

奥斯丁市 W 酒店公寓：
悬崖式酒店公寓

该项目位于奥斯汀市中心第二街区，与奥斯汀城区音乐馆相毗邻，地处"世界现场乐之都"奥斯汀的中央地带。无论从体量还是规模，该项目都能很好地与周围的建筑契合，与正南面的市政厅更是相映成趣。

设计突破

细长的酒店公寓大楼，凌驾于三层高的平台之上，看起来就像是一件极简抽象派的艺术作品。透明的外表皮，亮丽的反光玻璃，以精致的细节，诠释了体量和材料的特色。设计团队将幕墙的细节倒转，把窗棂镶入建筑，使得楼体表面具备了连贯而平滑的视觉效果。光影交错，使得浅灰色的釉面和银灰色的铝制饰面更显美感，并赋予它们天空的色彩。

商业突破

奥斯汀酒店公寓就像城市的装饰品，与奥斯汀市政厅和鸟湖交相辉映。设计团队充分利用了城市的自然景观，让综合体建筑屹立在蓝天下、捕捉和煦的微风，并有效控制了自然强光，为人们创造了极度开放的体验。这个功能混合型项目内的穆迪剧院还举办了"Austin City Limits"音乐节。一个多达 2 700 人的音乐盛会，被载入了 PBS 的史册。

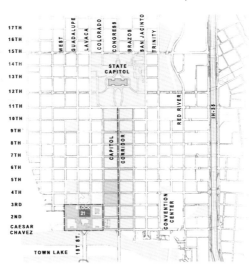

建筑

37 层的塔楼，其主立面为南北朝向。立面上的开口，可以有效控制能耗和热增量。南边嵌壁式的露台，宽敞而舒适，是受梅萨维德美国原住民的悬崖住宅启发而设计。这样的设计，既在夏季为生活空间提供了良好的遮阴效果，也保留了冬日的暖阳。北向的住宅单位有倾斜的墙体，构成了门廊。伸出式阳台起到了对楼体东西向的遮阳效果。

景观

临街的空地吸引着来往的游客，是正在成长的住宅区的一部分。东南角的景观式广场上，吹拂着来自鸟湖的微风，其小径通往 W 酒店公寓的户外吧区及餐馆。土色的镶板、锈色的栏杆、混凝土板及树木，将户外步道装饰得舒适而不失档次。

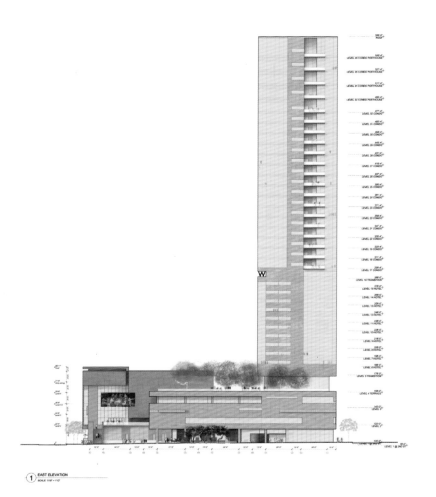

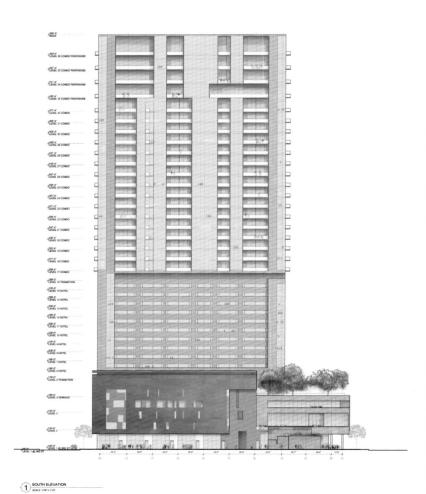

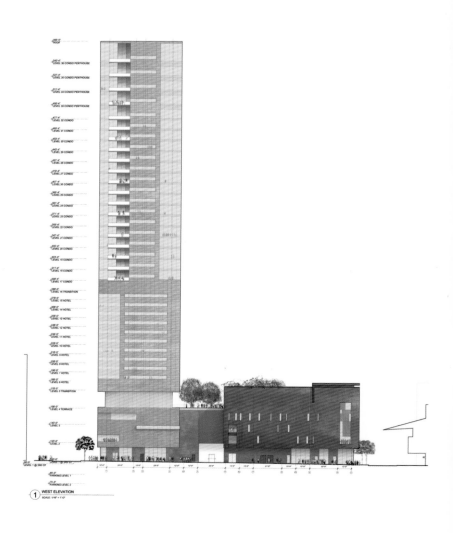

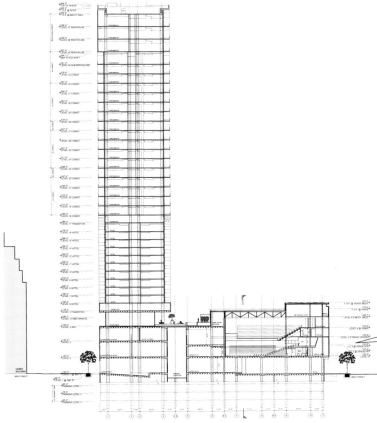

01 BUILDING SECTION LOOKING EAST

室内

该项目拥有 251 间公寓单位，装潢精致，设施完备。

设施

在奥斯汀餐厅享用美酒佳肴，在水疗中心放松休憩，或是在酒店休息间酌饮几杯鸡尾酒，耳边环绕着的是现场音乐……在这儿，住户可以尽情享受奥斯汀 W 酒店带来的至尊休闲体验！

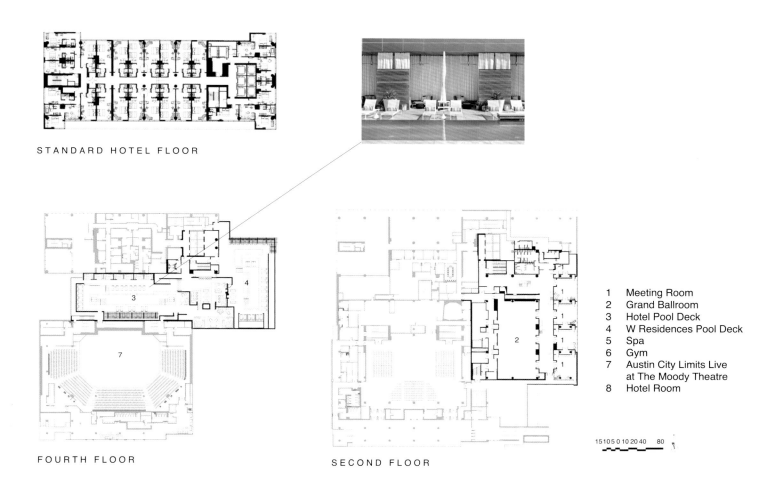

STANDARD HOTEL FLOOR

FOURTH FLOOR

SECOND FLOOR

1 Meeting Room
2 Grand Ballroom
3 Hotel Pool Deck
4 W Residences Pool Deck
5 Spa
6 Gym
7 Austin City Limits Live
  at The Moody Theatre
8 Hotel Room

15 10 5 0 10 20 40   80

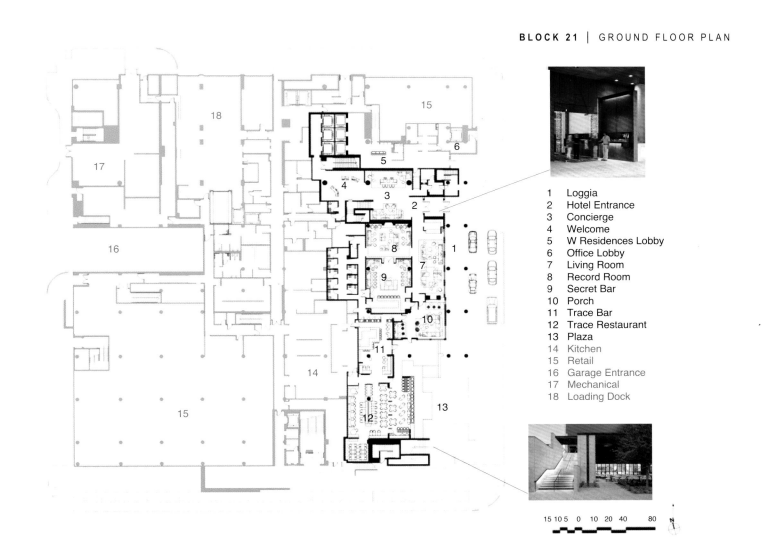

1 Loggia
2 Hotel Entrance
3 Concierge
4 Welcome
5 W Residences Lobby
6 Office Lobby
7 Living Room
8 Record Room
9 Secret Bar
10 Porch
11 Trace Bar
12 Trace Restaurant
13 Plaza
14 Kitchen
15 Retail
16 Garage Entrance
17 Mechanical
18 Loading Dock

15 10 5 0 10 20 40   80

图书在版编目（CIP）数据

现状突破稀释与稀释：服务公寓 / 香港理工国际出版社 主编 . -- 北京：中国林业出版社，2013.9

ISBN 978-7-5038-7129-0

Ⅰ.①现… Ⅱ.①香… Ⅲ.①建筑设计 – 中国 – 现代 – 图集 Ⅳ.①TU206

中国版本图书馆 CIP 数据核字（2013）第 080736 号

中国林业出版社 · 建筑与家居图书出版中心

出　　版：中国林业出版社（100009 北京西城区德内大街刘海胡同 7 号）
网　　站：http://lycb.forestry.gov.cn/
发　　行：新华书店北京发行所
电　　话：(010)83224477
出 版 人：Krilly
策　　划：香港理工国际出版社
责任编辑：李 顺　唐 杨
编　　辑：崔 馨　陈 明
美术指导：Krilly
印　　刷：利丰雅高印刷（深圳）有限公司
版　　次：2013 年 9 月第 1 版
印　　次：2013 年 9 月第 1 次
开　　本：240X325　　1/16
印　　张：17.5
字　　数：300 千字
定　　价：288.00 元

电　　话：(0755)83330955　　（0755）83063983
经 销 商：深圳市博德飞登文化发展有限公司
凡本书出现缺页、倒页、脱页等质量问题，请向出版社图书营销中心调换。
版权所有 侵权必究